仕事の現場で即使える

Access 2019/2016/2013/2010［対応版］

Access マクロ入門

今村ゆうこ 著

技術評論社

ご注意
ご購入・ご利用の前に必ずお読みください

● 本書に記載された内容は、情報の提供のみを目的としています。したがって、本書を用いた運用は、必ずお客様自身の責任と判断によって行ってください。これらの情報の運用の結果について、技術評論社および著者はいかなる責任も負いません。
　また本書付属のCD-ROMに掲載されているプログラムコードの実行などの結果、万一障害が発生しても、弊社及び著者は一切の責任を負いません。あらかじめご了承ください。
● 本書付属のCD-ROMをお使いの場合、9ページの「CD-ROMの使い方」を必ずお読みください。お読みいただかずにCD-ROMをお使いになった場合のご質問や障害には一切対応いたしません。ご了承ください。
　付属のCD-ROMに収録されているデータの著作権はすべて著者に帰属しています。本書をご購入いただいた方のみ、個人的な目的に限り自由にご利用いただけます。
● 本書記載の情報は、2018年9月末日現在のものを掲載していますので、ご利用時には、変更されている場合もあります。
● 本書はWindows 10、Access 2016を使って作成されており、2018年9月末日現在での最新バージョンを元にしています。Access 2019/2013/2010でも本書で解説している内容を学習することは問題ありませんが、一部画面図が異なることがあります。
　また、ソフトウェアはバージョンアップされる場合があり、本書での説明とは機能内容や画面図などが異なってしまうこともあり得ます。本書ご購入の前に、必ずバージョン番号をご確認ください。OSやソフトウェアのバージョンが異なることを理由とする、本書の返本、交換および返金には応じられませんので、あらかじめご了承ください。

以上の注意事項をご承諾いただいた上で、本書をご利用願います。これらの注意事項に関わる理由に基づく、返金、返本を含む、あらゆる対処を、技術評論社および著者は行いません。あらかじめ、ご承知おきください。

動作環境

● 本書はAccess 2019/2016/2013/2010を対象としています。
　お使いのパソコンの特有の環境によっては、上記のAccessを利用していた場合でも、本書の操作が行えない可能性があります。本書の動作は、一般的なパソコンの動作環境において、正しく動作することを確認しております。

動作環境に関する上記の内容を理由とした返本、交換、返金には応じられませんので、あらかじめご注意ください。

※本書に記載した会社名、プログラム名、システム名などは、米国およびその他の国における登録商標または商標です。本文中では™、®マークは明記しておりません。

はじめに

　Access でプログラミングを行うには、VBA とマクロの 2 種類の手段があります。

　この 2 つについて、VBA は難しそう、マクロはかんたんそう、というイメージを持つ方は多いのではないでしょうか。

　実際 VBA と比べると、Access のマクロは日本語の選択肢があらかじめ用意されていて、選ぶ、クリック、ドラッグ、という直感的な操作でプログラミングができるので、とても初学者にやさしく、最初の一歩が踏み出しやすい作りになっています。

　そのため、マクロでできるのは単純な動作だけなのではという勘違いもされやすいのですが、マクロは VBA を元に作られているので、一部の特殊なことを除けば、VBA で書けることはマクロでもほとんど再現することができます。

　プログラムの規模が大きいものは VBA が向いていますが、規模が小さいものならば、のちの読みやすさやメンテナンスへのコスト面などでメリットが大きいので、マクロで作成するのも選択肢の 1 つです。

　本書で、はじめてのプログラミングのお手伝いができたら光栄に思います。

2018 年 9 月

今村　ゆうこ

CD-ROMの使い方 ... 9

CHAPTER 1 マクロの基本と本書のサンプルについて

1-1 Accessで扱うオブジェクト ... 12
1-1-1 4つの主要なオブジェクト ... 12
1-1-2 マクロとの関係 ... 13

1-2 作業の自動化 ... 14
1-2-1 プログラミングとは ... 14
1-2-2 マクロとVBAの違い ... 15

1-3 サンプルの構造と動作 ... 16
1-3-1 本書で扱うテーブル・クエリ・レポート ... 16
1-3-2 CHAPTER 3で作成するサンプル ... 18
1-3-3 CHAPTER 4で作成するサンプル ... 19
1-3-4 CHAPTER 5で作成するサンプル ... 19
1-3-5 CHAPTER 6で作成するサンプル ... 20

CHAPTER 2 マクロツールを使ってみよう

2-1 マクロツールを開いてみよう ... 22
2-1-1 マクロツールを起動しよう ... 22
2-1-2 マクロツールの名称を確認しよう ... 26

2-2 アクションカタログについて理解しよう ... 28
2-2-1 プログラムフロー ... 28
2-2-2 アクション ... 29
2-2-3 このデータベースのオブジェクト ... 30

2-3 マクロを作成してみよう ... 31
2-3-1 アクションを設定してみよう ... 31
2-3-2 アクションの材料を設定しよう〜引数 ... 32

2-3-3	アクションを追加しよう	33

2-4 マクロを実行しよう　34

2-4-1	マクロを動かしてみよう〜実行	34
2-4-2	マクロの動きを理解しよう	36

CHAPTER 3 フォームを作成しよう

3-1 テーブルをベースにフォームを作ろう　38

3-1-1	フォームを作ろう	38
3-1-2	フォームの「ビュー」を理解しよう	40
3-1-3	フォームの形を整えよう	43

3-2 フォームを使ってみよう　48

3-2-1	別テーブルのフォームを作ってみよう	48
3-2-2	フォームでデータを操作しよう	50

3-3 フォームを呼び出すフォームを作ろう　53

3-3-1	フォームとテーブルの関係を理解しよう	53
3-3-2	「メニュー」フォームを作ってみよう	54
3-3-3	ウィザードでマクロを設定しよう	56
3-3-4	作成されたマクロを確認しよう	60

3-4 作成したマクロを実行しよう　63

3-4-1	ウィザードを使わずにマクロを作ろう	63
3-4-2	「メニュー」フォームを自動で開く設定にしよう	66
3-4-3	実行して動作確認しよう	68

CHAPTER 4 高機能なフォームからクエリやレポートを操作しよう

4-1 マクロの動きを変化させよう　72

4-1-1	「条件」となるコントロールを作ろう	72
4-1-2	動きが変化するマクロを作ろう	76

4-2	条件分岐「If」について理解しよう	81
4-2-1	作ったマクロを理解しよう	81
4-2-2	マクロを折りたたんで読みやすくしよう	84
4-2-3	コメントを入れて読みやすくしよう	86

4-3	フォームに入力された値を利用しよう	88
4-3-1	コントロールを配置しよう	88
4-3-2	クエリ&レポートに組み込もう	97
4-3-3	入力欄をクリアしよう	101
4-3-4	実行して動作確認しよう	103

CHAPTER 5 アプリケーションを仕上げて使いやすくしよう

5-1	フォームを呼び出すボタンをまとめよう	106
5-1-1	ボタンを整理しよう	106
5-1-2	Ifを使って条件分岐しよう	108

5-2	自動で新規レコードへ移動しよう	113
5-2-1	フォームのデザインビューからマクロを設定しよう	113
5-2-2	レコードを移動しよう	114
5-2-3	実行して動作検証しよう	115

5-3	開いているオブジェクトを閉じよう	117
5-3-1	既存のマクロにアクションを追加しよう	117
5-3-2	作成したアクションを移動しよう	119
5-3-3	実行して動作検証しよう	120

5-4	データが0件の場合はマクロを中止しよう	122
5-4-1	これから作るマクロを理解しよう	122
5-4-2	DCount関数を理解しよう	123
5-4-3	アクションを設定して動作確認しよう	125

5-5	マクロの一部をグループ化して見やすくしよう	128
5-5-1	日付をチェックするマクロを作ろう	128

5-5-2	グループを作ろう	131
5-5-3	グループを編集しよう	132
5-5-4	実行して動作確認しよう	134

CHAPTER 6　Excelとデータをやりとりしよう

6-1　クエリの結果をエクスポートしよう　136

6-1-1	フォームを改造しよう	136
6-1-2	エクスポート用のマクロを作ろう	137
6-1-3	実行して動作確認してみよう	141

6-2　Excelデータをインポートしよう　143

6-2-1	インポートについて理解しよう	143
6-2-2	インポート用のマクロを作ろう	145
6-2-3	実行して動作確認しよう	150

6-3　変数の使い方を学ぼう　153

6-3-1	変数について知ろう	153
6-3-2	変数を設定しよう	155
6-3-3	設定した変数を使おう	156

6-4　エラーが起きたときの対処法を学ぼう　159

6-4-1	エラー処理について知ろう	159
6-4-2	エラー時の動きを理解しよう	160
6-4-3	作ったマクロを理解しよう	162

CHAPTER 7　マクロをもっと使いこなそう

7-1　ユーザーの入力した値を使おう　166

7-1-1	変数にテキストボックスの値を利用しよう	166
7-1-2	マクロを作ろう	167
7-1-3	作ったマクロを理解しよう	169

7-2 繰り返し処理を使ってみよう　172
- 7-2-1　繰り返し処理を理解しよう　172
- 7-2-2　決まった回数を繰り返そう　173
- 7-2-3　条件に合う間繰り返そう　174

7-3 コンボボックスの値を絞り込もう　179
- 7-3-1　作成する機能の仕組みを理解しよう　179
- 7-3-2　絞り込みのクエリを作ろう　180
- 7-3-3　マクロでコンボボックスを更新しよう　183

7-4 マクロをコピーしよう　186
- 7-4-1　似た動作のアクションはコピーして改変しよう　186
- 7-4-2　既存マクロをまるごとコピーしよう　187

7-5 データマクロを使ってみよう　188
- 7-5-1　マクロの違いを理解しよう　188
- 7-5-2　データマクロを作ろう　189
- 7-5-3　作ったマクロを理解しよう　191

APPENDIX　アクションカタログ リファレンス

A-1 UIマクロ　194
- A-1-1　ウィンドウの管理　195
- A-1-2　システムコマンド　195
- A-1-3　データのインポート/エクスポート　196
- A-1-4　データベースオブジェクト　197
- A-1-5　データ入力操作　198
- A-1-6　フィルター/クエリ/検索　198
- A-1-7　マクロコマンド　199
- A-1-8　ユーザーインターフェイスコマンド　200

A-2 データマクロ　202
- A-2-1　データブロック　203
- A-2-2　データアクション　203

CD-ROMの使い方

● **注意事項**

本書の付属のCD-ROMをお使いの前に、必ずこのページをお読みください。

　本書付属のCD-ROMを利用する場合、いったんCD-ROMのすべてのフォルダーを、ご自身のパソコンのドキュメントフォルダーなど、しかるべき場所にコピーしてください。
　また、CD-ROMからコピーしたファイルを利用する際、次の警告メッセージが表示されますが、その場合、［コンテンツの有効化］をクリックしてください。

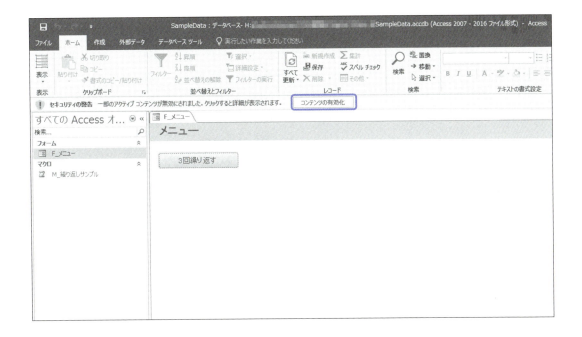

　本書付属のCD-ROMのサンプルには、マクロが含まれています。お使いのパソコンによっては、セキュリティの関係上、Accessに含まれるマクロの利用を禁止していることもあり得ます。その場合、［ファイル］タブの［オプション］をクリックして、［Accessのオプション］を開き、［セキュリティ センター］→［セキュリティ センターの設定］から［マクロの設定］を変更してマクロを有効にしてください。
　セキュリティセンターの設定によって、マクロが起動しない場合、ご自身で有効にするように努めてください。これに関して、技術評論社および著者は対処いたしません。

● **構成**

本書付属のCD-ROMは以下の構成になっています。

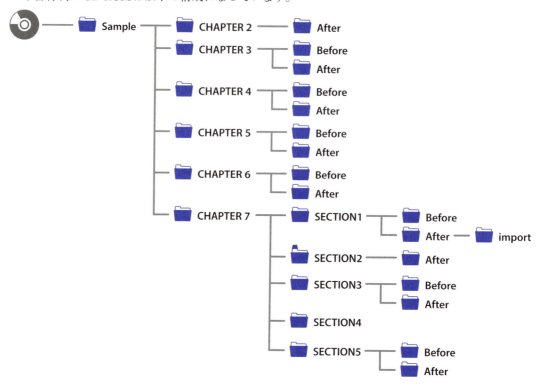

　CHAPTER 2から**CHAPTER 7**までのフォルダーには、原則BeforeとAfterという2つのフォルダーがあります。Beforeフォルダーは、そのCHAPTERの解説内容が施されていないAcceessファイルが、Afterフォルダーには、そのCHAPTERの解説手順をすべて踏まえたAcceessファイルが格納されています。なお、**CHAPTER 2**フォルダーには、Beforeフォルダーは存在していません。

　また、**CHAPTER 7**のフォルダーには、SECTION1、SECTION2、SECTION3、SECTION4、SECTION5という5つのフォルダーがあります。このフォルダーはそれぞれ**CHAPTER 7**の**7-1**、**7-2**、**7-3**、**7-4**、**7-5**の各節に対応しています。つまり、SECTION1フォルダーには**7-1**で解説したサンプルファイルが格納されています。

　また各フォルダーにはBeforeフォルダーとAfterフォルダーがあります。なお、SECTION2にはBeforeフォルダーはありません。また、SECTION4にはBeforeフォルダー、Afterフォルダーともにありません。

マクロの基本と本書のサンプルについて

CHAPTER 1

1-1 Accessで扱うオブジェクト

Accessは、「オブジェクト」と呼ばれる部品を組み合わせてデータの管理を行います。そのオブジェクトを便利に使うために「マクロ」を利用するのですが、まずは、オブジェクトとはどんなものか確認しておきましょう。

1-1-1　4つの主要なオブジェクト

　Accessはデータベースソフトであり、大量のデータを整理・格納し、それを管理・利用していくことを得意とするソフトウェアです。そのためにAccessでは、データを管理するのに特化した**オブジェクト**と呼ばれる部品を利用します。

　主要なものに**テーブル・クエリ・レポート・フォーム**と呼ばれるオブジェクトがあり、**テーブル**はデータの保管、**クエリ**は抽出・変更などデータの利用、**レポート**はデータを印刷用にレイアウト、**フォーム**はユーザー用の操作画面の作成、という特徴があります。

　膨大な数のデータを最小限の容量で効率的に利用するために、各々のオブジェクトの役割を明確に分けているのです。

図1　4つのオブジェクト

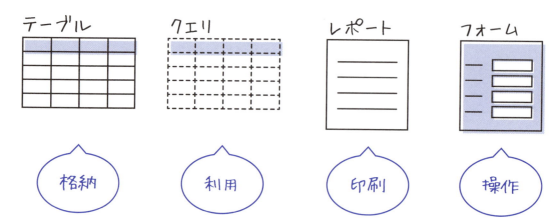

1-1-2 マクロとの関係

　実は、テーブル・クエリ・レポートだけでもデータの管理・利用はできるのです。ただし、使う人間が3つのオブジェクトの特徴や使い方をしっかり理解していなければなりません。管理者だけならばともかく、ユーザー全員に理解を求めるのはなかなか難しいことです。

　そこで、難解な仕組みを理解しなくてもユーザーが利用できるようにフォームを使って操作画面を作ります。操作画面を作ることで、各々のオブジェクトが連携したアプリケーションとなり、しっかりと仕組みを理解していないユーザーでも、データを利用することができるのです。

　このフォームと非常に相性がよいのがマクロです。マクロとは指定の作業が自動化されたものですが、たとえばフォーム上の「ボタン」をクリックしたら登録したマクロが実行される、という仕組みにしておけば、ユーザーにとってはとても直感的に使いやすいものになります。

図2 フォームとマクロの関係性

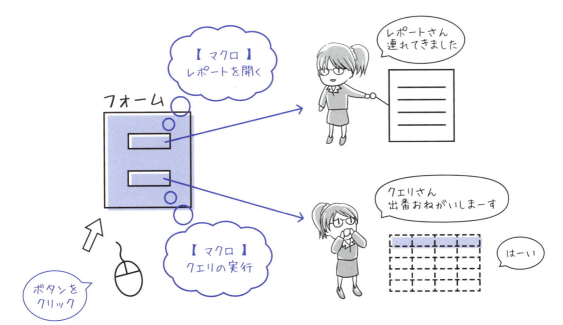

CHAPTER 1

1-2 作業の自動化

マクロを作成するために「プログラミング」を行います。プログラミングとは、いまやよく聞く言葉ではありますが、具体的にはどのようなものなのでしょうか？

1-2-1　プログラミングとは

　プログラミングと聞くと、英数字の羅列が並んでいる難解なもの、というイメージを持つ方が多いかもしれませんが、プログラミングとは、PCなどの機械へ向けた作業の指示文を作成することです。プログラミングは作業を実行させる対象によって方法が異なり、前述した英数字の羅列が必要な場合もありますし、最近のこども向けのプログラミングでは、パズルのようにドラッグ＆ドロップだけで作成できるものもあります。

図3　プログラミングは指示文を作成すること

Accessにおいてプログラミングを行うには、マクロとVBAという2種類の方法があり、VBAは難しそう、マクロはかんたんそう、というイメージを持っている方も多いかもしれませんね。

1-2-2 マクロとVBAの違い

まず、VBAとはVisual Basic for Applicationの略で、プログラミング言語の名称です。しかし、Excelなど、ほかのOffice製品でも広く使われていて、VBAでプログラミングを行った機能のこともVBAと呼んでしまうなど、広義な意味で使われる場合も多くあります。

Accessでは、このVBAでのプログラミングを日本語でビジュアル化した機能があり、それをマクロと呼びます。

両者はほぼ同じ動きを作ることができますが、フォームを開く・閉じるなどの単純な作業ならば、VBAよりもマクロのほうが一見してわかりやすく、初学者でも作成しやすい、メンテナンスがしやすいといったメリットがあります。

図4 VBAの編集画面とマクロの編集画面

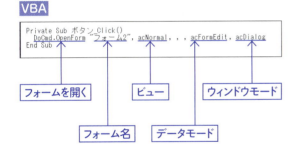

どちらも同じ動作

しかし、複雑で長い内容になってくると、VBAを使ったほうがよいケースも出てきます。同じ内容でも、マクロは画面占有率が高いので全体の把握が難しくなってしまいますし、細かな部分でVBAにしかできないことも存在するからです。

CHAPTER 1

1-3 サンプルの構造と動作

実際の学習に入る前に、本書のCD-ROMに収録されているサンプルの
オブジェクト構造と、マクロでどんな機能を作成するのか、確認しておき
ましょう。

1-3-1 本書で扱うテーブル・クエリ・レポート

　サンプルには、あらかじめ4つのテーブルと、選択クエリ、そのクエリを情報源（レコードソース）としたレポートが作られています。テーブルは図5のような関係性になっています。

　マクロを学習していくにあたって、各オブジェクトの「名前」を多用することになりますので、どの種類のオブジェクトか判別できる名前にしておくとわかりやすくなります。

　そこで本書で扱うサンプルでは図5のように、テーブルには「T_」、テーブル内のフィールドには「f_」、クエリには「Q_」、レポートには「R_」という頭文字を付けてあります。

図5 サンプルのオブジェクト構造

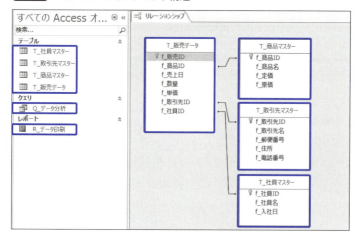

　「T_販売データ」テーブルには、ほかのマスターテーブル（情報の基礎となるデータを格納するテーブル）を参照してIDと名称を見ながら選択できるルックアップという設定がなされています。

　ルックアップはデザインビュー（図6）で設定し、データシートビュー（図7）で動作します。サン

プルでは「f_商品ID」「f_取引先ID」「f_社員ID」の3つのフィールドに設定してあります。

この設定は、あとでテーブルを元にフォームを作るときに引き継がれますので、テーブル設計の時点でやっておくと便利です。

図6 デザインビュー

図7 データシートビュー

「Q_データ分析」クエリ（図8）は、4つのテーブルから任意のフィールドを抽出した選択クエリです。「f_単価」と「f_数量」を乗算した、「f_売上」というオリジナルのフィールドを持っています。

図8 「データ分析」クエリ

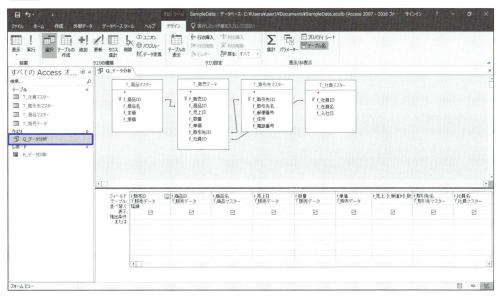

「R_データ印刷」レポート（図9）は、「Q_データ分析」クエリを情報源（レコードソース）として、A4横に印刷できるレイアウトになっています。

CHAPTER 1 マクロの基本と本書のサンプルについて

図9 「データ印刷」レポート

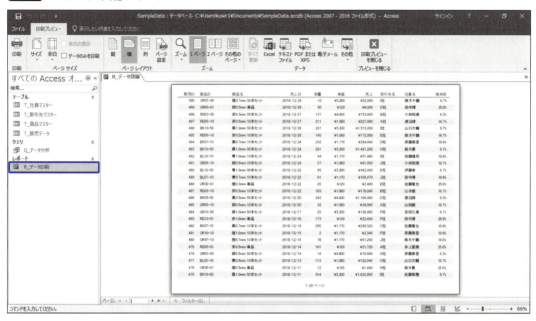

1-3-2 CHAPTER 3で作成するサンプル

まずは **CHAPTER 2**（22ページ）でマクロの基礎と使い方を学んだのち、**CHAPTER 3**（38ページ）からサンプルを使ってアプリケーションの作成をしていきます。ここでは、各テーブルへの入力フォームと「メニュー」フォームを作成し、フォームからフォームを開くマクロを設定します。

図10 CHAPTER 3で追加する機能

1-3-3　CHAPTER 4で作成するサンプル

　CHAPTER 4（72ページ）では「メニュー」フォームからクエリとレポートのどちらかを選んで開くマクロを作ります。また、フォーム上に入力された値で絞られた結果が出力されるようにします。

図11　CHAPTER 4で追加する機能

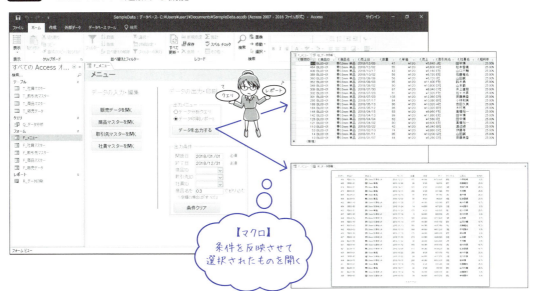

1-3-4　CHAPTER 5で作成するサンプル

　CHAPTER 5（106ページ）では、入力フォームを開いたときにあらかじめ新規レコードへ移動したり、条件で絞ったクエリやレポートのレコードが0件ならば中止したり、実務として使いやすい形に仕上げていきます。

CHAPTER 1 マクロの基本と本書のサンプルについて

図12 CHAPTER 5で追加する機能

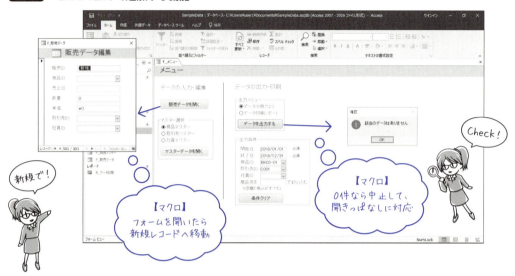

1-3-5 CHAPTER 6で作成するサンプル

CHAPTER 6（136ページ）では、Excelのデータを取り込んだり、クエリの結果をExcel形式で出力したりするなどの、Excelとの連携に関するマクロを作成します。

図13 CHAPTER 6で追加する機能

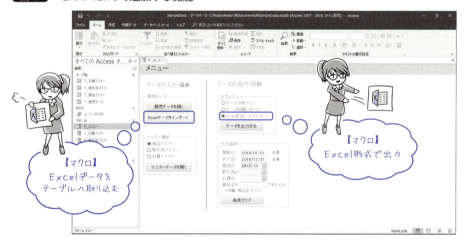

なお、CHAPTER 7（166ページ）では、CHAPTER 6までのサンプルには組み込まない、「小技」的なマクロを紹介しています。

CHAPTER 2

マクロツールを使ってみよう

CHAPTER 2

2-1 マクロツールを開いてみよう

まずは、とてもかんたんなマクロを作って動かすところからスタートしてみましょう。マクロを作るには、「マクロツール」という機能を使います。

2-1-1 マクロツールを起動しよう

　Accessを起動して、新しいデータベースファイルを作ってみましょう。起動すると図1のような画面が立ち上がるので、「空のデータベース」をクリックします。

図1 Accessの起動画面

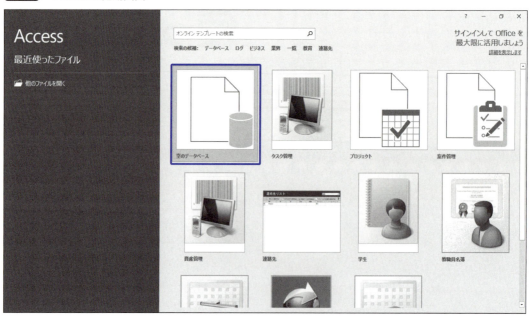

ファイル名と保存先を任意のものにして、「作成」をクリックします（**図2**）。

新しいデータベースファイルが作成され、図3のような画面が立ち上がります。

図2 空のデータベースを作成

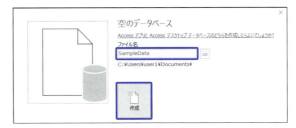

図3 初期画面

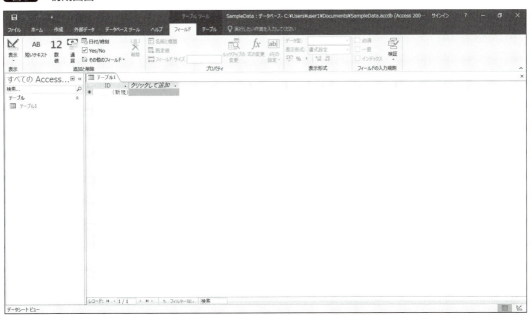

あらかじめテーブルが1つ作られていますが、今回は使わないので、タブを右クリックして「閉じる」を選択します（**図4**）。このテーブルは保存されないので、このデータベースファイルにはオブジェクトがなにもない状態になります。

図4 テーブルを閉じる

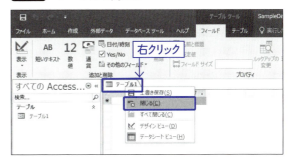

CHAPTER 2 マクロツールを使ってみよう

それでは、マクロを作成するための「マクロツール」を開いてみましょう。リボンの「作成」タブの「マクロ」をクリックします（図5）。

図5 「マクロ」をクリック

すると図6のような画面になります。これが**マクロツール**です。

図6 マクロツール

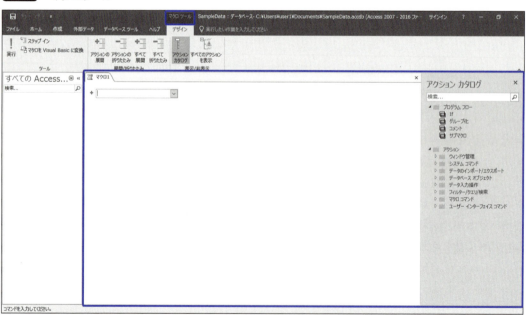

2-1 マクロツールを開いてみよう

　ツールを立ち上げただけではマクロは保存されないので、図7のようにタブを右クリックから「上書き保存」を選ぶか、クイックアクセスツールバーの保存ボタンをクリックします。

　続いてマクロに名前を付けます。本書では名前にオブジェクトの頭文字を含める命名ルールを用いますので、「M_サンプルマクロ」という名前にしてみましょう（図8）。

図7 マクロの保存

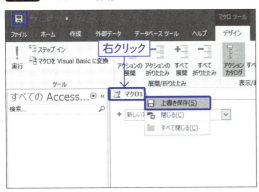

図8 マクロに名前を付ける

　このデータベースファイルにマクロオブジェクトが作成され、画面左側（ナビゲーションウィンドウ）に表示されました（図9）。

図9 マクロオブジェクトが作成された

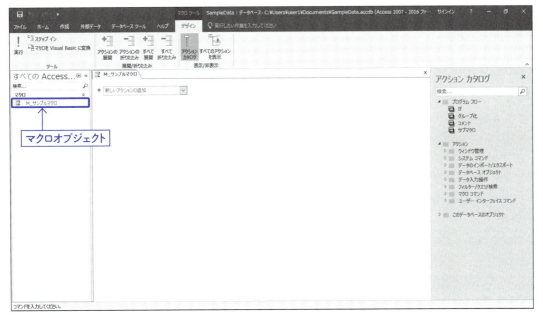

025

2-1-2 マクロツールの名称を確認しよう

マクロツールの名称は、図10のようになっています。右側の「アクションカタログ」から動作を選んで「マクロウィンドウ」にドラッグすることで、マクロに機能を追加していきます。「新しいアクションの追加」リストからも選択できます。

図10 マクロツールの名称

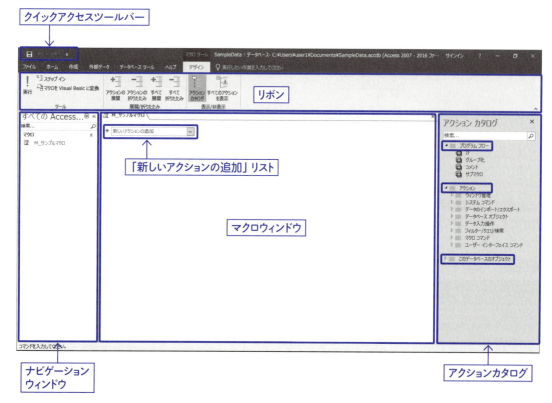

アクションカタログは右上の×印で閉じたり、リボンの「アクションカタログ」をクリックすることで表示/非表示を切り替えたりできます（図11）。

アクションカタログは動作が分類されていて探しやすいので、マクロを作成する際は表示しておくと便利です。

アクションカタログの中をよく見ると、「プログラムフロー」「アクション」「このデータベースのオブジェクト」と書かれた部分があります。これらの部分を利用して、マクロを作っていきます。そのため、この部分はとても重要です。

2-2（28ページ）では、この3つの部分について説明します。

2-1 マクロツールを開いてみよう

図11 アクションカタログの表示/非表示

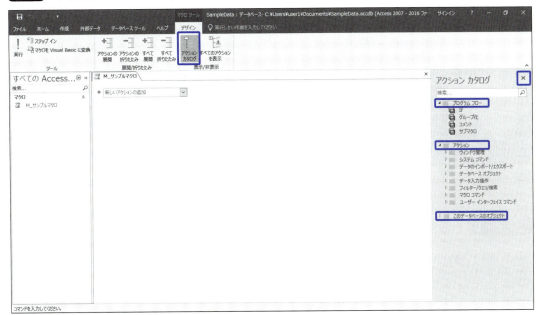

CHAPTER 2

2-2 アクションカタログについて理解しよう

アクションカタログはマクロを作成するのに重要なツールです。実際にマクロを作成する前に、分類されている3つの機能について理解しておきましょう。

2-2-1 プログラムフロー

フローとは流れのことですが、プログラムがどのように動くかという枠組みや、機能を整理してわかりやすくする見た目に関連する部分がまとめられています（図12）。

プログラムは基本的に、設定された動作を上から順番に実行していくものですが、プログラムフローのIfやサブマクロを使うことで、「この部分はある条件を満たしたときだけ実行する」「この場合はここまでジャンプする」など、動きにバリエーションを付けることができます（図13）。

図12 プログラムフロー

図13 プログラムの動きにバリエーションを付ける

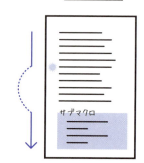

また、**グループ化**した部分は画面上で折りたたむことができ、**コメント**は自由にメモを書くことができます。プログラムの動きに影響を与えないまま、見た目をすっきりさせたり、わかりやすくさせたりできるのです。

プログラムフローは、CHAPTER 3（38ページ）以降のアプリケーション作成で実際に使いながら解説していきます。

2-2-2 アクション

アクションは、ひとつひとつの**命令**のことです。分類して格納されています（図14）。

プログラムに対して**複雑そう・怖そう**などのイメージを持つ方も多いかもしれませんが、ひとつひとつは実はとても単純なもので、「アクション」から実行させたい項目を選んで、マクロウィンドウに上から並べていくだけで、マクロは作れてしまうのです（図15）。

それぞれは単純でも、複数の命令が一瞬でぱっと終了するので、まるで魔法のように感じられるんですね。

図14 アクション

図15 マクロは「アクション」を並べて作る

なお、アクションカタログや「新しいアクションの追加」リストで選択できる項目は、最初は安全性の低い動作は除外されています。自作のものなど、そのデータベースファイルが信頼できる場合、リボンの「すべてのアクションを表示」をクリックしてオン（グレーの状態）にすることで項目が増え、より高度な機能をマクロに追加することができます（図16）。

図16 すべてのアクションを表示

 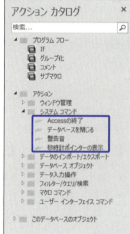 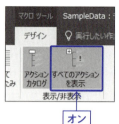 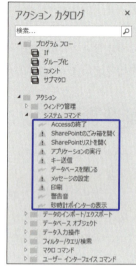

2-2-3 このデータベースのオブジェクト

このデータベースのオブジェクトでは、作業しているデータベースファイルに含まれるマクロオブジェクトを参照することができます。マクロオブジェクトが1つも保存されていないと表示されません（図17）。

ここから、ほかのマクロを実行させたり、内容をコピーしたりすることができます。

図17 このデータベースのオブジェクト

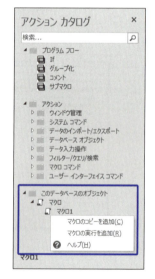

CHAPTER 2

2-3 マクロを作成してみよう

それでは、ここまでに作成したからっぽの状態のマクロオブジェクトにアクションを追加して、実際に動くマクロを作ってみましょう。

2-3-1 アクションを設定してみよう

ごくかんたんな、任意のテキストを表示するメッセージボックスを出してみましょう。アクションカタログの「アクション」フォルダーの「ユーザーインターフェイスコマンド」フォルダー内にある「メッセージボックス」を、マクロウィンドウへドラッグします（図18）。

図18 アクションカタログからドラッグ

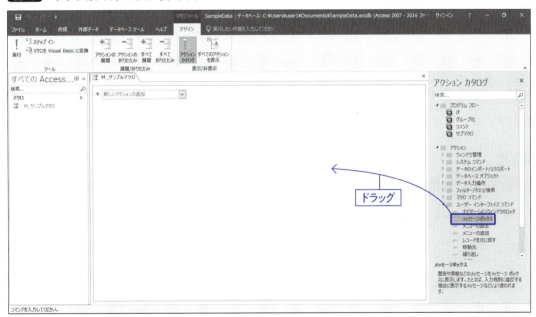

CHAPTER 2 マクロツールを使ってみよう

「新しいアクションの追加」リストからも選択できます(図19)。

図19 「新しいアクションの追加」から選択

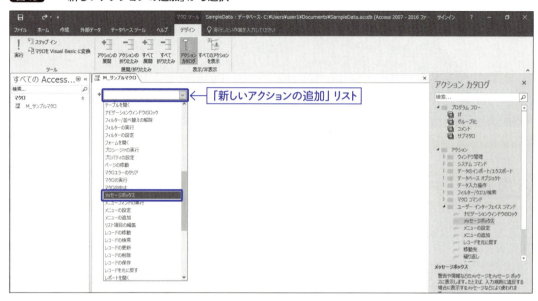

2-3-2 アクションの材料を設定しよう〜引数

いずれかの方法でアクションを追加すると、図20のようにマクロウィンドウに表示されます。太字になっている部分がアクションの名称で、削除は右上の✕で行います。テキストボックスがいくつか表示されている部分は引数と呼ばれ、そのアクションを実行するための材料を入力するためのものです。

図20 アクションの見方

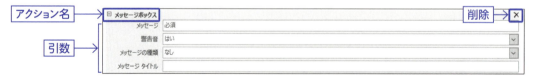

引数は、最低限「必須」と書かれている部分を埋めなければ、マクロを保存することができません。「メッセージ」の引数に任意のテキスト(ここではHello)を入力してみましょう(図21)。

図21 「メッセージ」引数にテキストを入力

2-3-3 アクションを追加しよう

続けて、アクションをもう1つ追加してみましょう。2-3-1（31ページ）と同じ手順で、再び「メッセージボックス」を追加します。

今度は「メッセージ」引数のテキストを変えて、ほかの引数も初期値とは違うものにしてみます（図22）。

図22 引数を設定する

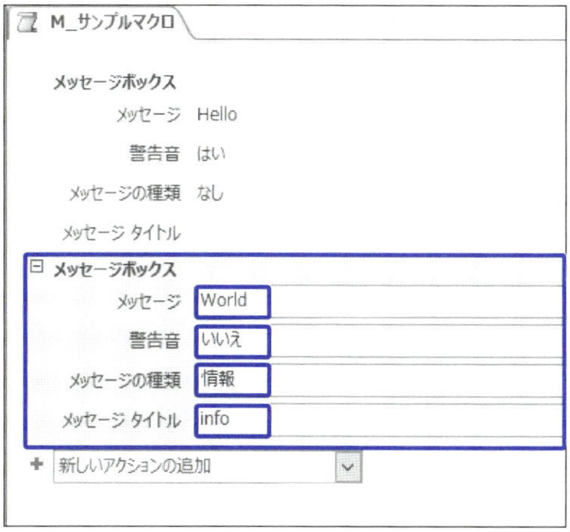

アクションは上から順番に実行されるので、並び順が大切です。作成済みのアクションはドラッグによって好きな位置へ動かすことができるので、あとからでも自由に実行の順番を変えることができます（図23）。

図23 アクションの順番は自由に変えられる

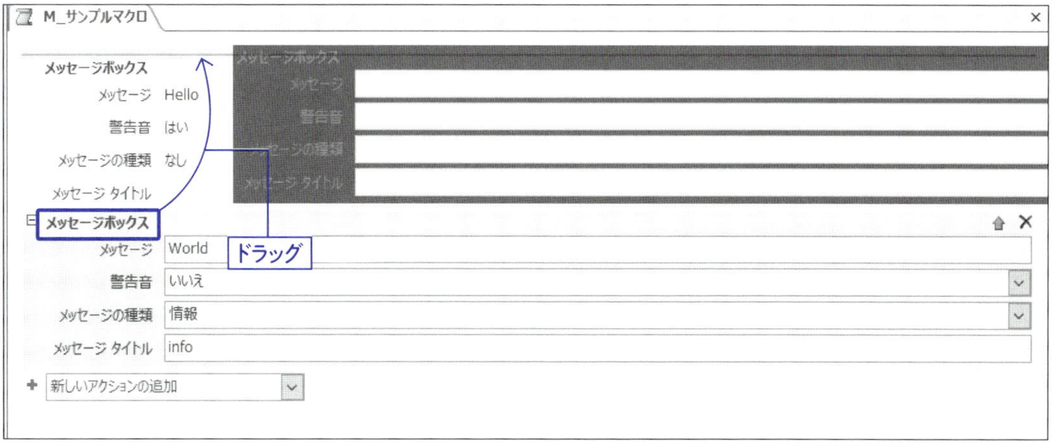

なお、図23は紹介のみで、付属CD-ROMに収録のサンプルファイルでは順番の入れ替えを行っていません。次のページの解説も順番を入れ替えない前提で進めます。

CHAPTER 2

2-4 マクロを実行しよう

これで、はじめてのマクロを作成することができました。作成ができたら、今度は「実行」です。実際の動作を見ながら、2-3-2（32ページ）と2-3-3（33ページ）で設定した引数の内容などを確認してみましょう。

2-4-1 マクロを動かしてみよう～実行

マクロは編集中だと実行できません。まずはクイックアクセスツールバーの「保存」アイコンか、マクロウィンドウのタブを右クリックして「上書き保存」します（図24）。

保存後、リボンの「実行」アイコンをクリック（図25）することで、現在開かれているマクロが実行されます。

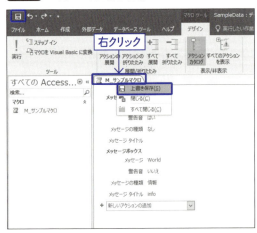

図24 マクロの上書き保存

図25 マクロツールの「実行」アイコン

まず、1つ目のメッセージボックスが表示されます（図26）。

「OK」ボタンをクリックするとメッセージボックスが閉じます。メッセージボックス表示中はマクロが一時停止しているので、閉じることで次のアクションに移り、2つ目のメッセージボックスが表示されます（図27）。

「OK」ボタンでこのメッセージボックスも閉じると、このマクロは終了です。

2-4 マクロを実行しよう

図26 1つ目のメッセージボックス

図27 2つ目のメッセージボックス

　なお、マクロウィンドウを閉じると（図28）、ナビゲーションウィンドウのマクロオブジェクトからも実行することができます。

図28 マクロウィンドウを閉じる

　ナビゲーションウィンドウからは、マクロオブジェクトをダブルクリックするか、右クリックから「実行」を選択することでマクロが実行されます（図29）。

　閉じているマクロを再度マクロツールで開きたい場合は、マクロオブジェクトの右クリックから「デザインビュー」を選択します（図30）。

図29 ナビゲーションウィンドウからのマクロ実行方法

図30 閉じているマクロを開く

2-4-2 マクロの動きを理解しよう

マクロを実行することができたので、マクロツールで設定した画面と実際に表示されたメッセージボックスを見比べてみましょう。

マクロは、アクションを上から順番に、1つずつ実行していきます。まずは最初のアクション「1つ目のメッセージボックス」は図31のようになっていました。タイトルを空白にした場合は自動で「Microsoft　Access」という表示になり、開くときに警告音が鳴りましたね。

図31 1つ目のメッセージボックスとその設定

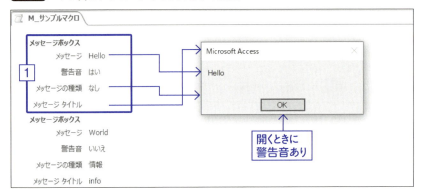

「OK」ボタンをクリックすると1つ目のアクションが終了し、次のアクションが実行されます。2つ目のメッセージボックスでは図32のように、タイトルが任意のものになっていたり、アイコンが表示されていたりしています。

図32 2つ目のメッセージボックスとその設定

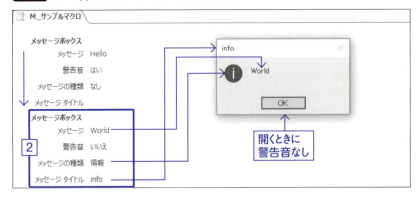

このように、アクションの設定、引数で詳細の作り込み、という作業を繰り返してマクロの機能を作成していくのです。

フォームを作成しよう

CHAPTER 3

テーブルをベースにフォームを作ろう

CHAPTER 3からはサンプルデータを使ってアプリケーションを作っていきます。マクロには「フォーム」オブジェクトが密接に関わってきますので、まずはフォームの作り方から覚えていきましょう。

3-1-1 フォームを作ろう

　付属CD-ROMの **CHAPTER 3** フォルダーのBeforeフォルダーに収録されているSampleData.accdbというファイルを開きます。

　このファイルにはサンプルデータの入っているテーブルが4つあります。データの編集は直接テーブルを開いて行うこともできますが、ここでは専用のフォームを作って、フォームからテーブルのデータを編集できるようにしてみましょう。

　まずは「販売データ」テーブルのフォームを作ります。テーブルを選択して、「作成」タブの「フォーム」をクリックします（図1）。

図1 テーブルを元にしたフォームの作成

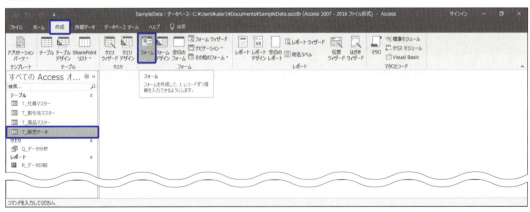

　すると図2のような画面になりました。これが「販売データ」テーブルのデータを編集できる専用のフォームです。とてもかんたんに作成できてしまいますね。

3-1 テーブルをベースにフォームを作ろう

図2 作成されたフォーム

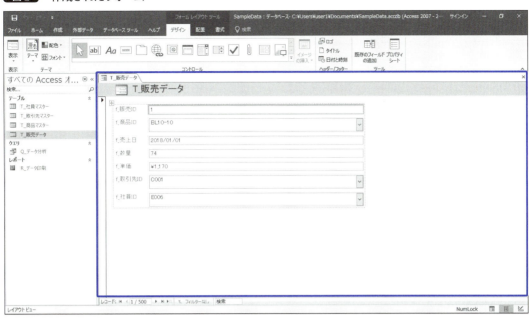

ただし、このフォームはまだ保存されていませんので、クイックアクセスツールバーの保存ボタン、もしくはタブを右クリックから「上書き保存」を選択します(**図3**)。

フォームに名前を付けます。「T_販売データ」テーブルに関するフォームなので、「F_販売データ」という名前にしてみましょう(**図4**)。本書ではフィールド(テーブル内の要素)は小文字のf、フォームは大文字のFと区別して解説していきます。

図3 上書き保存する

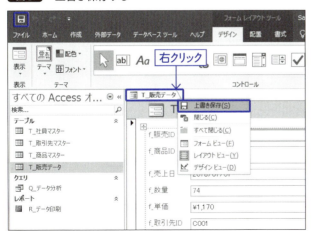

図4 フォームに名前を付ける

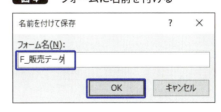

CHAPTER 3 フォームを作成しよう

フォームオブジェクトが保存され、ナビゲーションウィンドウに表示されました（図5）。

図5 フォームが保存された

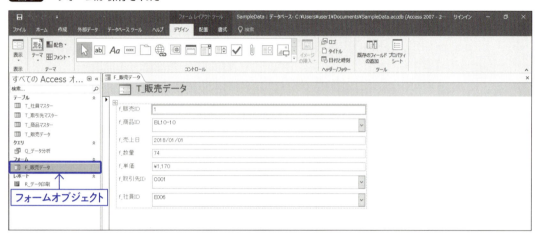

3-1-2 フォームの「ビュー」を理解しよう

作成されたフォームを詳しく見てみましょう。フォームには、作成のための編集するモードと、実行してテーブルのデータを変更するモードがあります。Accessではそれらのモードをビューと呼び、「デザイン」タブの「表示」アイコン、または右下のステータスバーから切り替えることができます。試しにデザインビューに切り替えてみましょう（図6）。

図6 デザインビューに切り替える

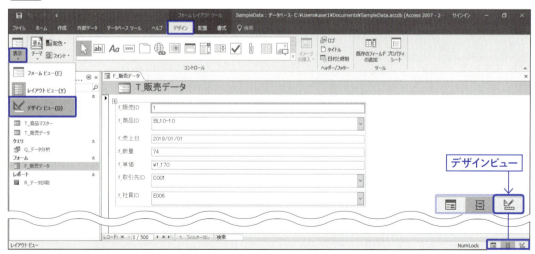

すると、さきほどの画面から少し見た目が変わりました。フォームは、土台となる部分が「セクション」という領域に分かれていて、その上に配置される小さな部品を「コントロール」と呼びます（図7）。デザインビューは、この構造を詳細に設定できる編集モードです。

図7　セクションとコントロール

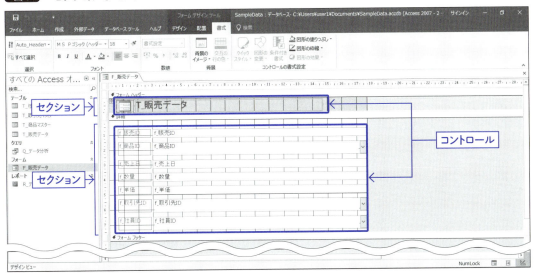

コントロールには種類があり、画像を扱う「イメージ」、タイトルや見出しに使う「ラベル」、ユーザーに値を直接入力してもらう「テキストボックス」、複数の項目から選択できる「コンボボックス」などがあります（図8）。

デザインビューでは、テキストボックスやコンボボックスには、その値が作用するテーブルのフィールド名が表示されます。

図8　コントロールの種類

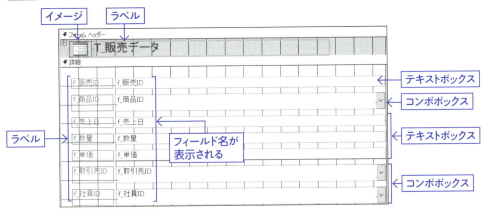

レイアウトビューはフォーム作成時に表示されていたビューで、切り替えると図9のようになっています。こちらも編集できるモードですが、テキストボックスやコンボボックスの中にはフィールドの名前ではなく値が表示されます。デザインビューのようにセクション構造の変更や自由な配置移動はできませんが、実際にどんなデータが入るのかを見ながらコントロールのサイズや書式の微調整ができます。

図9 レイアウトビュー

フォームビューはフォームの実行モードです（図10）。このビュー上でテキストボックスやコンボボックスの値を書き換えることで、関連付けられているテーブルのフィールド値が変更できます。

コンボボックスも実際に選択できるようになっています。この選択肢は、テーブルのルックアップ設定（16ページ）がそのまま継承されます。

図10 フォームビュー

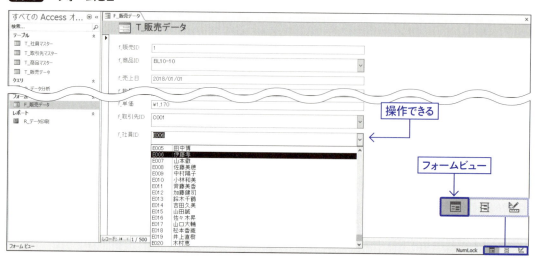

3-1 テーブルをベースにフォームを作ろう

3-1-3 フォームの形を整えよう

　フォームを使う前に、その特徴を覚えて使いやすい形にしましょう。デザインビューに切り替え、「デザイン」タブの「プロパティシート」をクリックすると、セクションやコントロールの詳細設定ができるウィンドウが右側に表示されます。「すべて」のタブを開いた状態でラベルを1つ選択してみてください（図11）。

　フォーム上に表示される文字列は、「標題」という項目です。これとは別に、コントロールはそれぞれ固有に識別するための名称を持っており、それが「名前」です。マクロではこのコントロールの「名前」を利用するので、自動で作成されたままの状態ではあとでわかりにくくなってしまいます。

図11 フォームのプロパティ

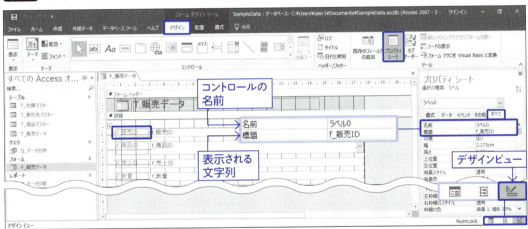

　これらを図12のように、「名前」を「lb_販売ID」、「標題」を「販売ID」へ変更しましょう。「標題」は、作成された時点では元になったフィールド名がそのまま使われていますが、「f_」は管理者の識別のための文字です。フォームを使うユーザーには必要ありませんので、標題では削除してかまいません。

　本書では、「名前」は**コントロールの種類の略称_識別名**というルールで設定していきます。

図12 ラベルのプロパティ変更

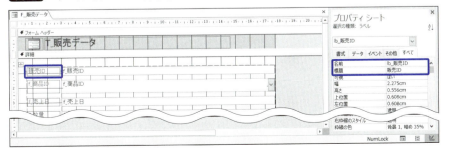

今度はテキストボックスを選択してみてください。ラベルのような「標題」はなく、「ラベル名」と「コントロールソース」という項目があります。

「ラベル名」はこのテキストボックスに対応するラベルの「名前」を、「コントロールソース」はこのコントロールが作用するテーブルのフィールド名を、それぞれ指定します。ここでは正しいフィールド名を指定しなければならないので、「f_」は必要です。

ここでも、このテキストボックスの「名前」を「tx_販売ID」へ変更します（図13）。

図13 テキストボックスのプロパティ変更

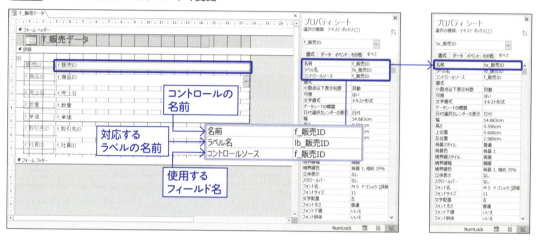

ほかのコントロールも、「名前」や「標題」を適切なものに変更し、図14のようにしましょう。「書式」タブでフォーム上のすべてのセクション名・コントロール名が一覧で確認できます。

図14 すべてのコントロール名の確認

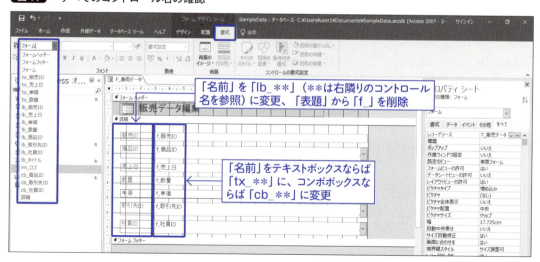

続いてコントロールの幅や高さを編集しましょう。コントロールを選択してポインタを端に合わせてドラッグすることで、図15のように幅や高さを自由に変更できます。Shiftキーを押しながらクリックすると複数のコントロールを同時に選択できます。

図15　コントロール幅の調整

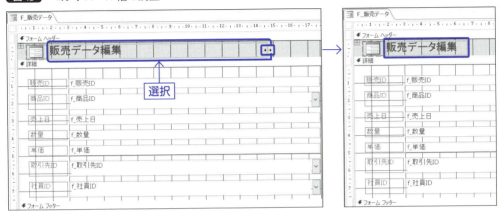

テキストボックスやコンボボックスの幅を変更したい場合、「レイアウトビュー」に切り替えてレコードの値を確認しながら編集するのが便利です。レコードの切り替えもできるので、いくつか値を確認して見切れない幅にするとよいでしょう。テーブルからオート作成したコントロールは「集合形式」というレイアウトが設定されているので、1つでも幅を変更すると、ほかのコントロールも連動して変更されます（図16）。

図16　レイアウトビューで幅調整

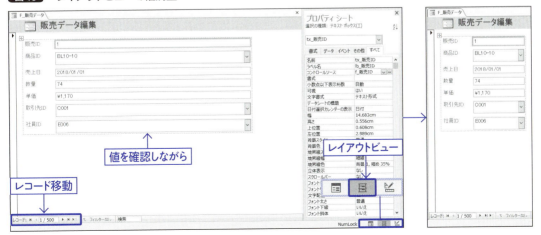

「デザインビュー」に戻すと、フォーム全体の幅も変えることができます（図17）。

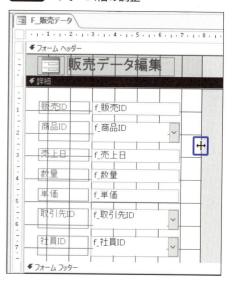

図17　フォーム幅の調整

レイアウト設定されているコントロールの1つを選択すると、左上にレイアウトを表すマーク⊞が表示されます。それをクリックすると、レイアウトが設定されているすべてのコントロールを選択することができます（図18）。

図18　レイアウト設定されているコントロールを選択

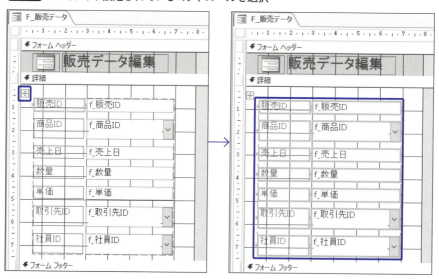

バラバラの高さを合わせたい場合は、この状態で「配置」タブの「サイズ間隔」から「低いコントロールに合わせる」などを選択するとよいでしょう（図19）。

3-1 テーブルをベースにフォームを作ろう

図19 複数コントロールの高さを揃える

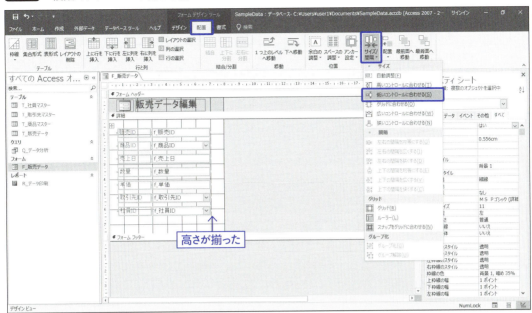

ここまでで、フォームを上書き保存して閉じておきます。図20のいずれかの方法で行うことができます。

図20 フォームの保存と閉じる方法

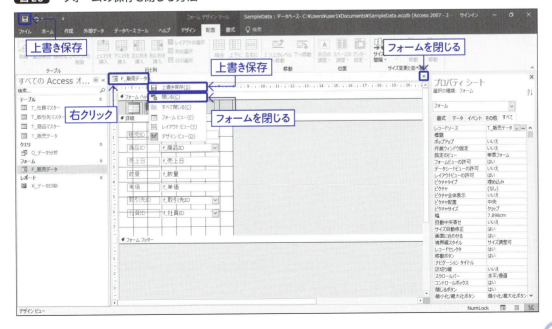

CHAPTER 3

3-2 フォームを使ってみよう

作ったフォームを使ってテーブルのデータを編集し、フォームの使い方や
データ編集のルールなどを確認しましょう。

3-2-1 別テーブルのフォームを作ってみよう

3-1(38ページ)では「販売データ」テーブルを元にしたフォームを作りましたが、フォームの使い方を覚える前に、同じ手順でほかのテーブルのフォームも作っておきましょう。

ナビゲーションウィンドウで「T_商品マスター」テーブルを選択した状態で「作成」タブの「フォーム」をクリックします(図21)。

図21 テーブルを元にしたフォームの作成

さきほどと同じように、選択したテーブルを元にしたフォームが自動で作成されましたが、「T_販売データ」テーブルの関連する情報が一緒に表示されました(図22)。これは1-3-1の図5(16ページ)で示したようにテーブル間に「一対多」のリレーションシップが設定されているからです。このような関係の場合、「一」側のテーブルをフォーム化すると「多」側の情報も一緒に編集できるように自動で作成されます。

3-2 フォームを使ってみよう

図22 関連するテーブルの情報も表示された

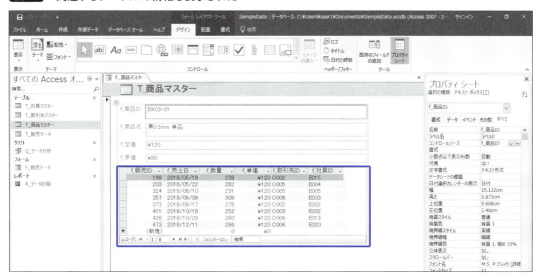

便利な機能ですが、本書ではシンプルな作りにするため、このコントロールは削除します。このコントロールを削除する際、いったんデザインフォームに切り替えて、それからコントロールを選択して Delete キーで削除します。レイアウトビューの状態でコントロールを選択して Delete キーを押してしまうと、テーブルに格納されているデータまで削除されてしまうので注意してください。

あとは 3-1-3（43ページ）を参考に各コントロールの「標題」や「名前」などを変更し、図23、図24、図25のように3つのフォームを作成します。

図23 「F_社員マスター」フォーム

図24 「F_取引先マスター」フォーム

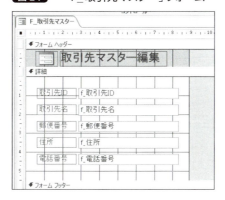

図25 「F_商品マスター」フォーム

3-2-2 フォームでデータを操作しよう

フォームを使うには「フォームビュー」で開きます。ナビゲーションウィンドウで任意のフォームを右クリックして表示された「開く」をクリックすると、フォームビューが開きます。既定がフォームビューになっているため、ダブルクリックでも開くことができます（図26）。

「F_販売データ」をフォームビューで開くと図27のようになります。「移動ボタン」でレコードの移動ができます。なお新しいレコードへは、リボンの「ホーム」タブの「新規作成」からも移動できます。

図26　フォームビューで開く

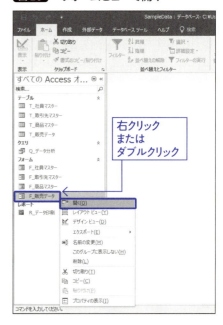

図27　レコードの移動方法

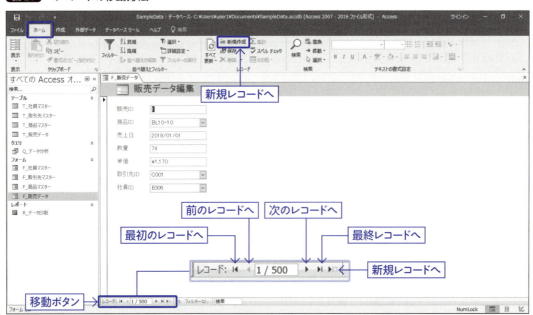

テキストボックスやコンボボックスの値を変更すると「レコードセレクタ」の三角マークが鉛筆マークに変わります。ここが鉛筆マークの場合はこのレコードは編集中で、まだ変更はテーブルへ反映されません。この状態で Esc キーを押すと編集前の状態に戻ります（図28）。

図28 レコード編集中の見分け方

編集を確定させるには、リボンの「保存」ボタンをクリック、またはレコードを移動したり、フォームを閉じたりすることでも編集は確定します（図29）。テーブル上でのフィールドの扱いと同じです。

図29 レコードを確定させるには

レコードを削除したい場合は、フォームに該当のレコードを表示した状態で「レコードセレクタ」をクリックし、リボンの「削除」ボタンをクリック、または Delete キーを押します（図30）。

図30 レコードを削除するには

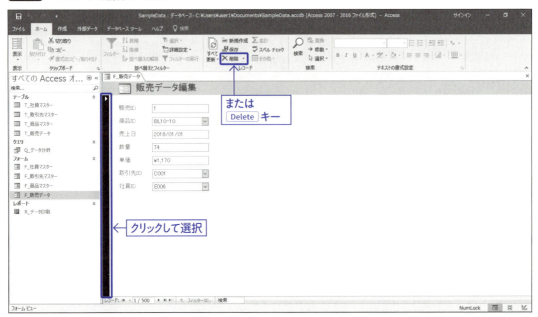

CHAPTER 3

3-3 フォームを呼び出すフォームを作ろう

ここまでで、4つのテーブルにそれぞれ対応する4つのフォームを作りました。今度はそれらの玄関となる「メニュー」フォームを作ってみましょう。

3-3-1 フォームとテーブルの関係を理解しよう

3-2（48ページ）までは、いずれもテーブルを元にしてフォームを作りました。フォームに対して「元になっている」テーブル（またはクエリ）のことを、「レコードソース」と呼びます。これはフォームのプロパティシートからでも確認できます（図31）。

図31 フォームのレコードソース

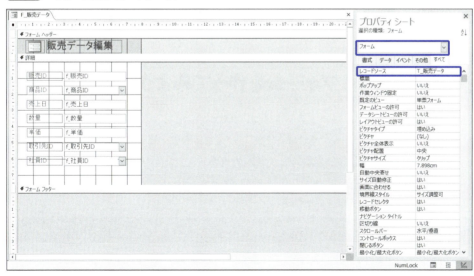

このような、レコードソースが存在しているフォームのことを連結フォームと呼びます。それに対してレコードソースが存在しない（テーブルやクエリに依存しない）独立したフォームのことを非連結フォームと呼びます。

CHAPTER 3　フォームを作成しよう

　非連結フォームはテーブルのデータに直接影響を与えないので、ユーザーの利便性の向上を目的としたフォームを作ることができます。ここでは、「メニュー」となる非連結フォームを作成し、そこへボタンを配置します。そのボタンへ「指定のフォームを開く」機能のマクロを設定し、ボタンをクリックすることで別のフォームが開くしくみを作ってみましょう（図32）。

図32　連結フォームと非連結フォーム

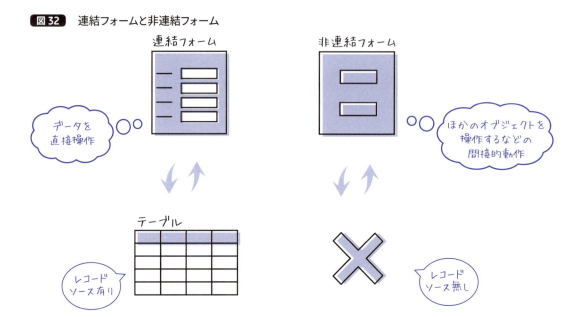

3-3-2　「メニュー」フォームを作ってみよう

　非連結フォームは「作成」タブの「フォームデザイン」でデザインビュー、「空白のフォーム」でレイアウトビューにて空のフォームを作成できます。どちらからでもかまいませんが、デザインビューのほうがコントロール配置の自由度が高いので、「フォームデザイン」から作ってみましょう（図33）。

図33　「フォームデザイン」で空のフォームを作成

空のフォームがデザインビューで開きました。「デザイン」タブの「タイトル」をクリックすると（図34）、かんたんにフォームヘッダーセクション、イメージやラベルのコントロールを挿入することができます（図35）。

図34 「タイトル」をクリック

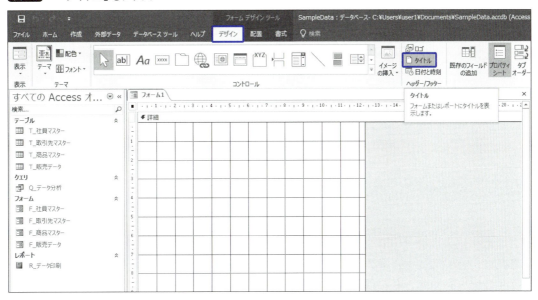

図35 タイトルに必要なセクションやコントロールが挿入された

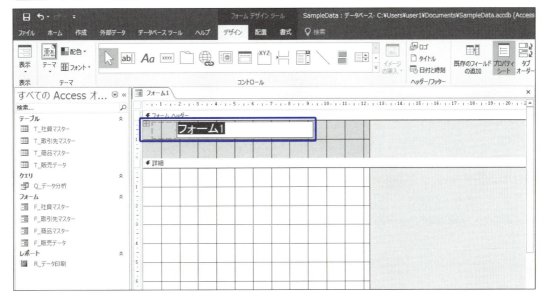

タイトル左の空白セルは、「デザイン」タブの「イメージの挿入」から好きなロゴ画像を選択して挿入することができますが、今回は Delete キーで削除することにします。

また、タイトルの「標題」や「名前」を変更して、セクションの高さも調節します。フォームフッターは使わない予定なので、高さをゼロにしておきます（図36）。

図36 「標題」やセクションの高さなどを調整

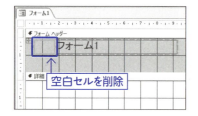
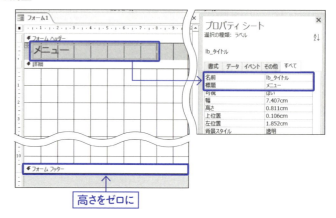

これで、玄関となる非連結フォームの土台ができました。「F_メニュー」という名前で保存しておきましょう（図37）。

図37 非連結フォームを保存

3-3-3 ウィザードでマクロを設定しよう

この「F_メニュー」フォームに、「ボタン」コントロールを作りましょう。「ウィザード」という機能を使いながら、ボタンの配置とマクロの設定を同時に行います。

まずは「デザイン」タブのコントロールボックスの右下の「その他」ボタンをクリックして、「コントロールウィザードの使用」がオン（グレーの状態）になっているか確認してください（図38）。オンになっていないとウィザードが働きません。

図38 「コントロールウィザードの使用」を「オン」にしておく

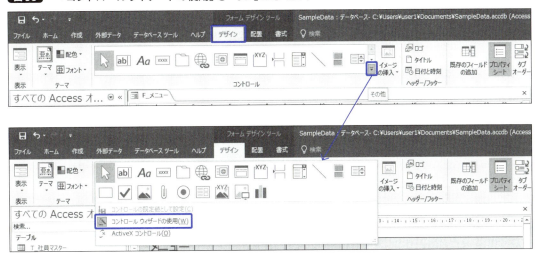

続いてコントロールボックスから「ボタン」コントロールを選択し、フォーム上において任意の大きさでドラッグします（図39）。

図39 「ボタン」コントロールを作成

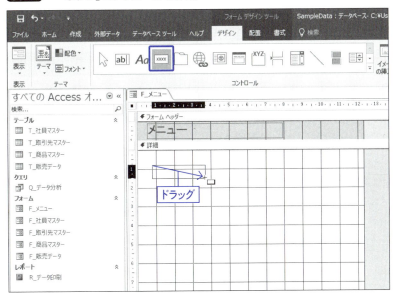

すると、「コマンドボタンウィザード」というウィンドウが開きます。ここでかんたんなマクロの設定を行うことができるのです。「種類」を「フォームの操作」、「ボタンの動作」を「フォームを開く」に設定して「次へ」をクリックします（図40）。

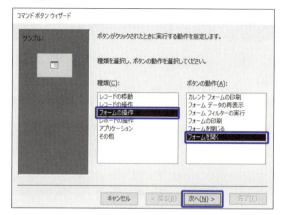

図40 動作の設定

開くフォームを選択し、「次へ」をクリックします（図41）。

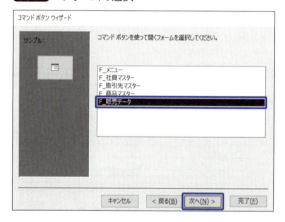

図41 フォームの選択

「すべてのレコードを表示する」を選択し、「次へ」をクリックします（図42）。なお、「特定のレコードを表示する」を選ぶとフィルターをかけることができますが、あらかじめ条件用のコントロールを設置する必要があります。

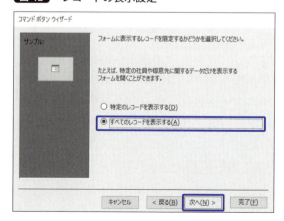

図42 レコードの表示設定

ボタンに表示する文字列や画像を指定できます。ここでは表示するフォーム名を文字列で表示させましょう。これはプロパティーシートでの「標題」の項目になります（図43）。

図43 表示の設定

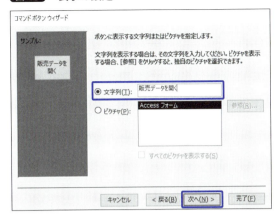

次へ進むと、ボタン名の指定です。これはプロパティシートでの「名前」の項目になり、マクロで使う部分なので、ほかのコントロールに合わせて「bt_販売データを開く」にしておきましょう。これで「完了」をクリックします（図44）。

図44 ボタンの名前を設定

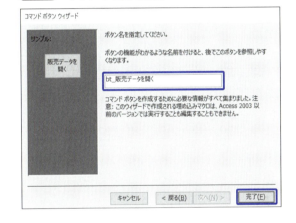

以上で、ボタンの設置とマクロの作成が完了しました（図45）。

図45 ボタンの完成

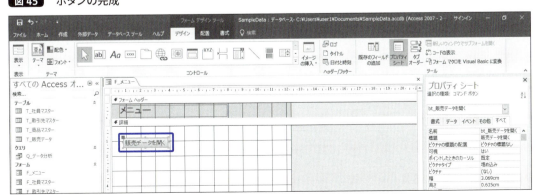

3-3-4 作成されたマクロを確認しよう

さて、マクロの作成ができているはずなのに、ナビゲーションウィンドウにはマクロオブジェクトが作成されていません。これはなぜでしょうか？

CHAPTER 2で学んだマクロは、「名前付きマクロ」または「独立マクロ」と呼ばれるもので、実行のきっかけがほかのオブジェクトに依存しないタイプのものだからです。それに対して**3-3-3**（56ページ）で作ったマクロは、埋め込みマクロまたはイベントマクロと呼ばれ、「ボタンをクリックしたとき」という、ユーザーが行う特定の動作（イベント）を実行のきっかけとします。この形式のマクロはナビゲーションウィンドウに表示されません（図46）。

図46 名前付き（独立）マクロと埋め込み（イベント）マクロの違い

名前付き（独立）マクロ

・ナビゲーションウィンドウに
　オブジェクトとして表示
・ほかのオブジェクトに依存しない

埋め込み（イベント）マクロ

・コントロールなどに依存
・ユーザーの行った動作を
　きっかけに自動的に実行
・ナビゲーションウィンドウに
　表示されない

埋め込みマクロの場合、マクロが設定されているコントロールからマクロツールを開きます。さきほど作ったボタンを選択すると、プロパティシートの「イベント」タブの「クリック時」項目に「埋め込みマクロ」が設定されていることがわかります。

この項目の「…」をクリックするか、ボタンを右クリックして「イベントのビルド」を選択することにより、このボタンに設定されているマクロを開くことができます（図47）。

3-3 フォームを呼び出すフォームを作ろう

図47 埋め込みマクロを開く2つの方法

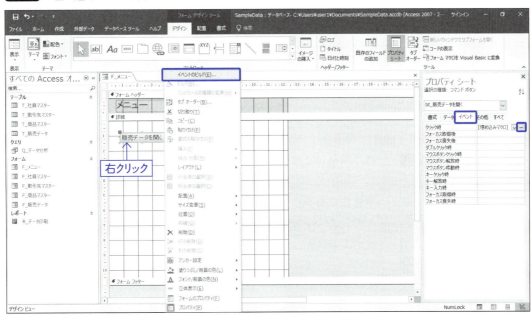

マクロツールが開きました（**図48**）。**CHAPTER 2**で学んだ「名前付きマクロ」ではタブにマクロ名が表示されていましたが、「埋め込みマクロ」では「フォーム名：コントロール名：イベント名」という表示になっています。また、「フォームを開く」アクションの「フォーム名」引数が、不思議な文字列になっています。

図48 マクロツール

061

これはウィザードで作成したマクロの特徴で、日本語が含まれる名称が関数で表されてしまうからなのです。このままでも動作に問題はありませんが、わかりにくいので一度削除して選び直しておくのがよいでしょう（図49）。

図49 フォーム名を選び直す

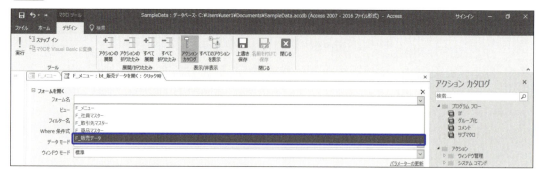

また、「ウィンドウモード」引数を「ダイアログ」にしておきましょう（図50）。「標準」だとタブいっぱいに開くのですが、「ダイアログ」は小さなウィンドウをポップアップで開くことができます。

図50 「ウィンドウモード」の変更

設定が終わったら「上書き保存」して「閉じる」ボタンをクリックします（図51）。

図51 埋め込みマクロ編集の保存と終了

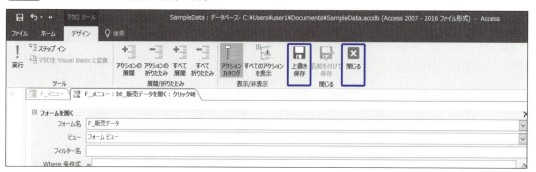

CHAPTER 3

3-4 作成したマクロを実行しよう

ここまでで、非連結フォームにボタンを配置し、そこへ埋め込み（イベント）マクロを設定しました。実行して動作確認をしてみましょう。

3-4-1 ウィザードを使わずにマクロを作ろう

　早速実行したいところですが、埋め込みマクロはウィザードを使わなくても作成することができます。ウィザードは便利ですが、かんたんな動作しか設定できなかったり、日本語が関数になってしまったりと少々扱いにくい部分もありますので、手動で埋め込みマクロを設定する方法も覚えておきましょう。

　「デザイン」タブの「ボタン」コントロールを選択し、さきほどのボタンの下に任意の大きさでドラッグします（図52）。

図52　「ボタン」コントロールを作成

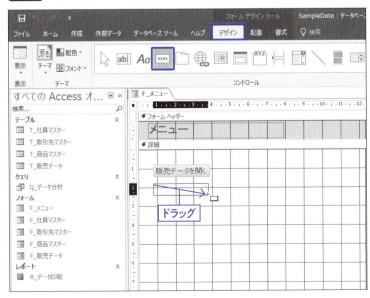

ウィザードが開いたら「キャンセル」をクリック（図53）するか、あらかじめウィザードが開かないように「コントロールウィザードの使用」をオフにしておくのもよいでしょう。

ボタンの大きさを整えて、プロパティシートで「名前」と「標題」を変更します（図54）。

図53 コマンドボタンウィザードをキャンセル

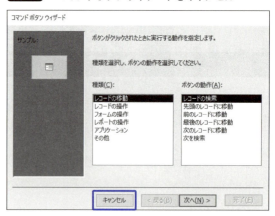

図54 ボタンの大きさやプロパティを変更

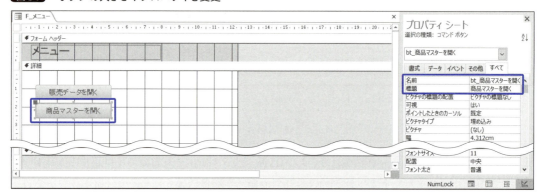

プロパティシートの「イベント」タブの「クリック時」項目の「…」ボタンをクリックすると、「ビルダーの選択」というウィンドウが開きます。ここで「マクロビルダー」を選択します（図55）。

図55 埋め込み（イベント）マクロを作成する

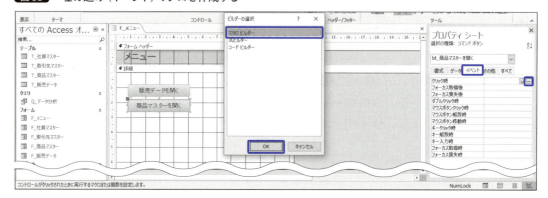

マクロツールが開くので、**2-3-1**(**31ページ**)の要領で「アクションカタログ」から「データベース オブジェクト」にある「フォームを開く」をマクロウィンドウにドラッグします。続いて、62ページの要領で開くフォーム（ここでは「F_商品マスター」）を選び、「ウィンドウモード」を「ダイアログ」に設定します（**図56**）。

図56 アクションの設定

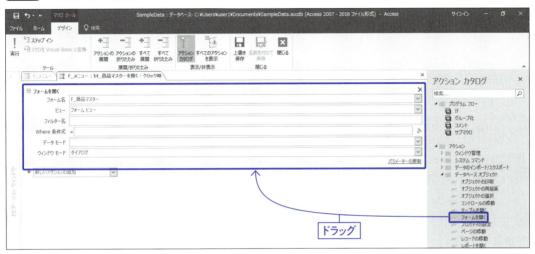

同様にそれぞれ4つのフォームを開くボタンを用意します（**図57**）。似たような動作の場合、マクロが設定してあるボタン自体をコピーして、アクションの引数だけ変えるという方法も便利です。

図57 埋め込みマクロの設定された4つのボタン

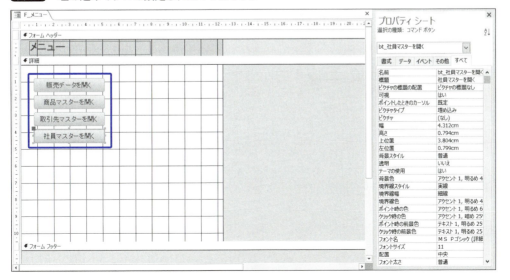

3-4-2 「メニュー」フォームを自動で開く設定にしよう

　さて、今度はこのSampleData.accdbファイルを開いたときのことを考えてみましょう。「F_メニュー」フォームは玄関の役割なので、ユーザーには最初にこのフォームを開いてほしいのですが、フォームはほかにもたくさんあるので、開くフォームを探す作業が発生してしまいます。

　Accessファイルを開いたら、自動的に「F_メニュー」フォームも開くようになっていたら便利ですよね。そんな機能も作ってみましょう。

　これには、「AutoExec」という名称にした名前付き（独立）マクロが有効です。名前付きマクロは基本的には実行のタイミングを指定しなければ動きませんが、「AutoExec」という名前にすると、ファイルが開いたときに自動的に実行されるという特別な特徴を持っているのです。

　したがって、24ページからの手順で図58のようなマクロを作っておくことで、ファイルを開いたときに「F_メニュー」フォームを開くことができます。

　なお、「AutoExec」ではもちろん「フォームを開く」以外のアクションも設定できますが、今回のような「ファイルを開いたときに特定のフォームを開きたい」という目的の場合は、マクロを作らなくてもオプションから設定することができます。

　「ファイル」タブをクリック（図59）し、続いて「オプション」をクリックします（図60）。

図58 自動的にフォームを開くマクロの例

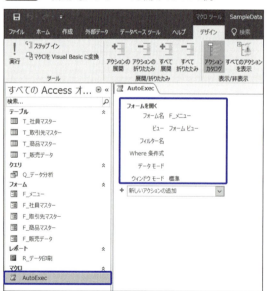

図59 「ファイル」をクリック

3-4 作成したマクロを実行しよう

図60　「オプション」をクリック

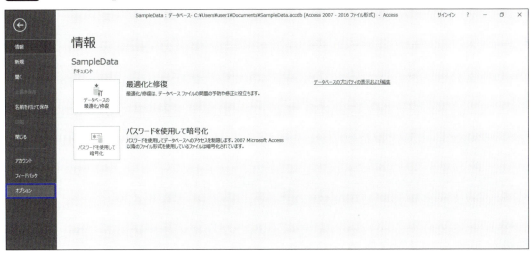

「Accessのオプション」ウィンドウが開きます。ここで「現在のデータベース」の「フォームの表示」項目で「F_メニュー」フォームを指定して、「OK」ボタンをクリックします（図61）。

図61　「フォームの表示」を設定

図62のような表示が出ますので、いったんファイルを閉じて開き直すことで有効になります。

フォームを開くだけのシンプルな動作ならば、オプションから設定するほうがおすすめです。ほかの動作も付け加えたいときは「AutoExec」マクロを使いましょう。

図62　オプション設定反映のためのメッセージ

3-4-3 実行して動作確認しよう

それでは、SampleData.accdbをいったん閉じて、開き直してみましょう。図63のように、自動で「F_メニュー」フォームが開いています。

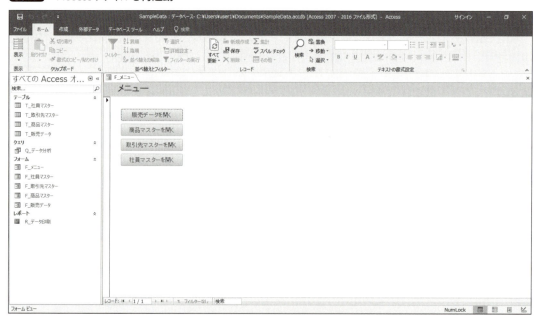

図63　Accessファイルを再起動

任意のボタンをクリックすると埋め込みマクロが実行され、該当のフォームがポップアップの別ウィンドウで開きます（図64）。マクロで設定した「ダイアログ」モードは、ポップアップで開くだけでなく、このウィンドウを閉じるまで別のウィンドウに移動することができなくなります。これによりユーザーによる「開きっぱなし」を防ぐことができるのです。

3-4 作成したマクロを実行しよう

図64 ボタンをクリックすると該当のフォームが開く

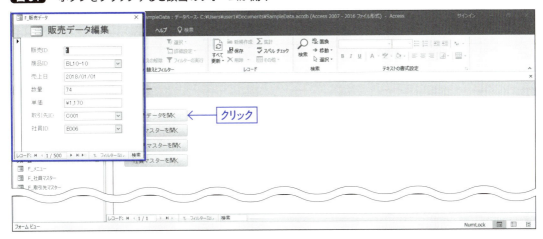

なお、「ダイアログ」モードは左上で開くので、ウィンドウを中央に表示させたい場合は、該当のフォームをデザインビューまたはレイアウトビューで開き、プロパティシートの「自動中央寄せ」を「はい」にします（図65）。

図65 フォームの自動中央寄せ

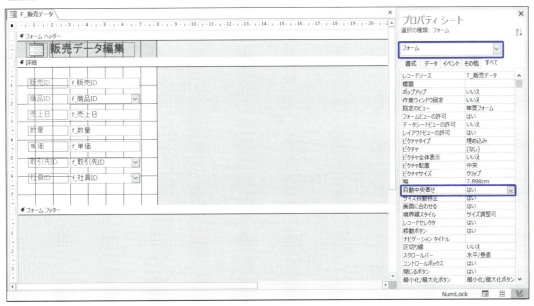

こうすることでウィンドウを中央で開くことができます（図66）。

CHAPTER 3 フォームを作成しよう

図66 「自動中央寄せ」を設定したダイアログモードのウィンドウ

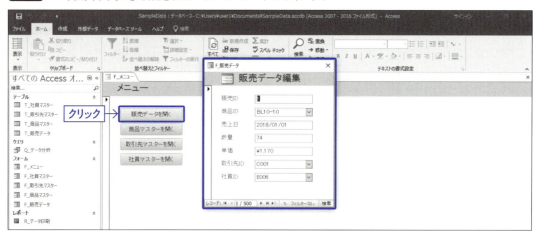

また、非連結フォームである「F_メニュー」ではレコードを扱わないので、「レコードセレクタ」と「移動ボタン」が不要です。こちらもプロパティシートから非表示にすることができます（図67）。

図67 「レコードセレクタ」と「移動ボタン」の非表示

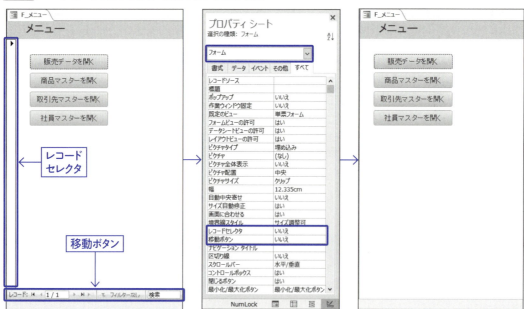

高機能なフォームから
クエリやレポートを
操作しよう

CHAPTER 4

4-1 マクロの動きを変化させよう

ここまでで、「ボタンをクリックするとフォームが開く」というかんたんなマクロを作りました。CHAPTER 4ではユーザーに「選択させて」、「該当のオブジェクトを開く」という、状況によって変化するマクロを作ってみましょう。

4-1-1 「条件」となるコントロールを作ろう

CHAPTER 3（38ページ）で作ったのはテーブルのデータを入力・編集するための機能でしたが、今度は出力・印刷する機能を作ります。

ユーザーにわかりやすくするため、図1のように「ラベル」と「直線」のコントロールを使って、見た目を整えておきましょう。このコントロールはマクロでは使いませんが、一覧にしたときにわかりやすいように「lb_見出し1」「lb_見出し2」「ln_区切り」という名前にしておきます。

図1 見出しと区切りのコントロール

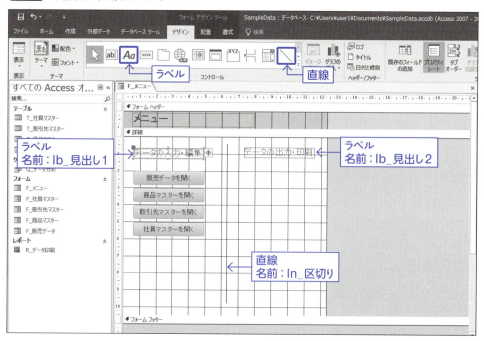

ラベルは、テキストボックスやコンボボックスなど、ほかのコントロールの見出しとして関連付けて使用することが多くなります。そのため、ほかのコントロールに関連付いていないラベルには、図2のようなエラーが表示される場合があります。この場合、意図的に独立したラベルを設置しているので、エラーを無視してかまいません。

さて、**CHAPTER 4**では、「Q_データ分析」クエリと、「R_データ印刷」レポートを開くマクロを作ってみましょう。マクロの概要は**CHAPTER 3**と同じく、ボタンのクリックイベントに埋め込みマクロを作成し、「クエリを開く」「レポートを開く」アクションを設定すればよいのです。

図2 関連付けられていないラベルへのエラー表示

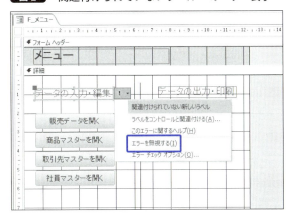

ここではさらにステップアップして、1つのボタンを使ってクエリかレポート、どちらかを選択して開くというマクロを作ってみましょう。

いずれかを選択する機能には、「オプショングループ」というコントロールを使います。**3-3-3**（56ページ）の「コントロールウィザードの使用」がオン（グレーの状態）になっている状態で、オプショングループを選択して任意の場所でドラッグまたはクリックします（図3）。

図3 オプショングループの配置

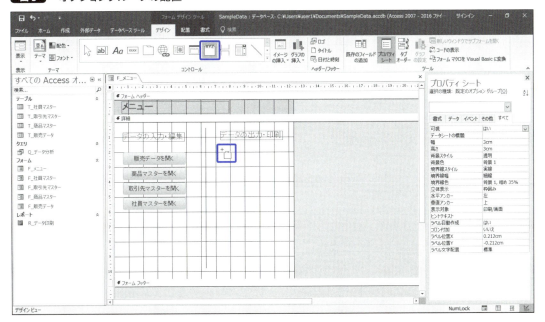

CHAPTER 4 高機能なフォームからクエリやレポートを操作しよう

すると、オプショングループウィザードが開きます。ここで選択肢となるラベルの内容を入力します（図4）。

図4 選択肢のラベル設定

開いたときに最初に選択される項目を指定します。ここでは「データ分析クエリ」を規定にしてみましょう（図5）。なにも選択されていない状態にすることもできます。

図5 規定のオプションを設定

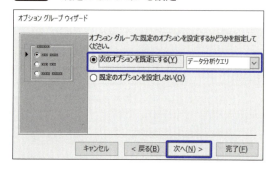

どの項目が選択されているかを取得するための値を、それぞれの項目に設定します。のちほどマクロで使うのはこの値です。任意の数値を設定できますが、特に意図がなければ連番でよいでしょう（図6）。

オプショングループ内に設定するコントロールとスタイルを指定します（図7）。「複数項目のうちいずれか」というのは、「オプションボタン（ラジオボタン）」が一般的です。

「標題」を設定します。ここでは「出力メニュー」としておきましょう（図8）。

図6 割り当てられる値の設定

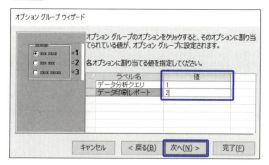

図7 コントロールとスタイルの設定

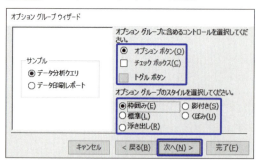

図8 「標題」の設定

「完了」ボタンを押すと、図9のようなオプショングループが設置されました。

図9　作成されたオプショングループ

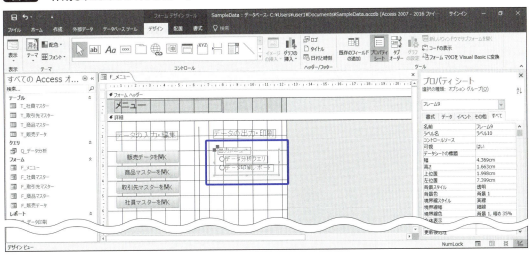

見た目はよさそうに見えますが、ウィザードで指定したのはこれらのコントロールに対する「標題」で、マクロで使う「名前」は自動で作られたままです。このままマクロを作るとわかりにくいので、プロパティーシートでそれぞれのコントロールの「名前」を図10のとおりに変更します。

図10　各コントロールの「名前」を設定

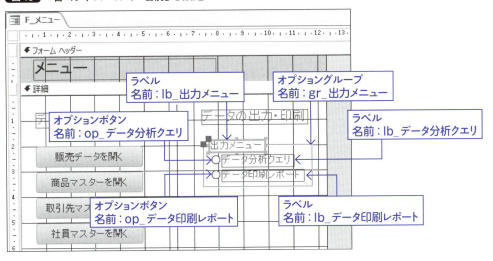

これで選択するコントロールができあがりました。

4-1-2 動きが変化するマクロを作ろう

　それでは、オプショングループで選択されたオブジェクトを開くマクロを作りましょう。ボタンコントロールを任意の場所へドラッグまたはクリックします。今回は単純なマクロではないので、ウィザードはキャンセルします（図11）。

図11 ボタンの作成

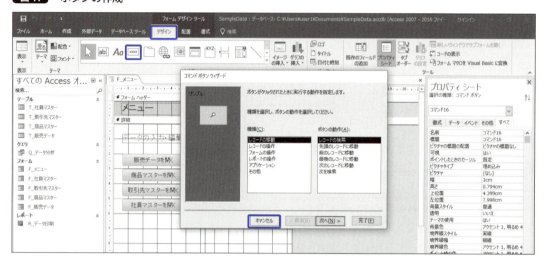

　ボタンの「標題」と「名前」を変更し、「オプショングループ」の枠を広げて、中に入れてみましょう（図12）。

図12 ボタンを枠の中へ

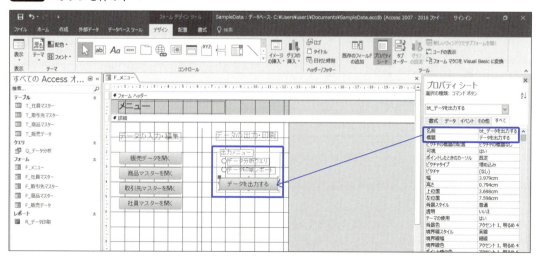

右クリックして「イベントのビルド」を選択し（図13）、「ビルダーの選択」ウィンドウで「マクロビルダー」を選択します（図14）。この操作ではそのオブジェクトやコントロールで代表される（よく使われる）「規定のイベント」でマクロが作成されます。ボタンの場合は「クリック時」となります。

図13 イベントのビルド

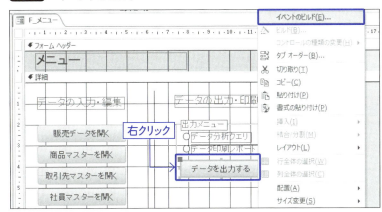

図14 マクロビルダー

マクロツールが開きました。ここで、設定したいアクションの動きをあらためて考えてみましょう。**オプショングループの値が1（データ分析クエリ）だったら**という**条件**を満たしたときだけ「クエリを開く」アクションを実行したいのです。

そういう**条件**を付けたい場合、アクションカタログの「プログラムフロー」の中の、「If」という構文（決まりごと）を使います。Ifをドラッグ、または「新しいアクションの追加」リストから選んでみましょう（図15）。

図15 「If」構文の挿入

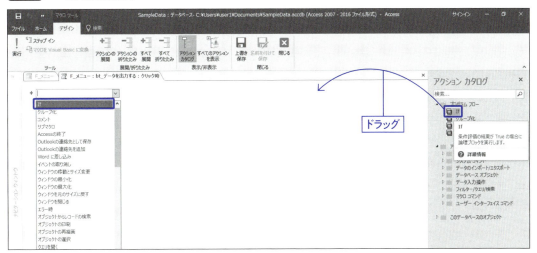

すると、図16のようになりました。このグレーになっている部分が**Ifブロック**と呼ばれ、条件部分に書く内容と合致していた場合のみ、このIfブロックの中にあるアクションが実行されます。

図16　作成された「Ifブロック」

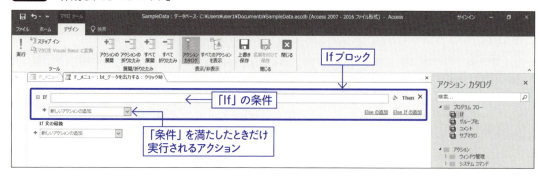

それでは、このIfブロックの条件と、Ifブロック内のアクションを設定してみましょう。条件部分は直接入力もできますが、フォーム上のコントロールの値を使いたい場合は「式ビルダー」を使うと便利です。テキストボックスの右側の、式ビルダーを起動するアイコンをクリックします（図17）。

図17　Ifブロックの「条件」の式ビルダーを起動

「式の要素」で「F_メニュー」が選択されていると、「式のカテゴリ」にフォーム上に設置されているコントロールの「名前」一覧が表示されます。ここでオプショングループである「gr_出力メニュー」をダブルクリックすることで、上部のボックスに挿入されます。そこへ、「=1」と書き加えて「OK」ボタンをクリックします（図18）。

できあがった「IF [gr_出力メニュー]=1」は「もし[gr_出力メニュー]が1ならば」という意味になります。

図18　式ビルダーで条件を作成

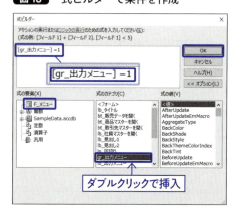

これで「条件式」が完成しました（図19）。

図19　条件式の完成

続いて、このブロック内のアクションを設定します。「If ～ If 文の最後」に挟まれたアクションで「クエリを開く」アクションを選択し、引数に「Q_データ分析」クエリを指定します（図20）。

図20　Ifブロック内に「クエリを開く」アクションを設定

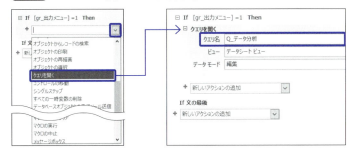

今度は「レポートを開く」アクションについて設定してみましょう。Ifブロックの最後の方にある「Elseの追加」をクリックします（図21）。

図21　「Elseの追加」を設定

すると、図22のようになりました。この部分を「Elseブロック」と呼びます。Elseはそれ以外という意味です。

図22 「Elseブロック」が作成された

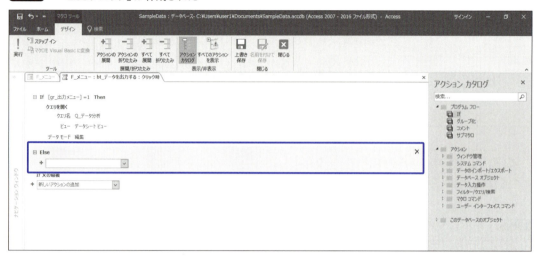

このElseブロックの中にIfの条件を満たさなかった場合の「レポートを開く」アクションを設定し、引数も指定します（図23）。「ビュー」は「印刷プレビュー」に設定します。

図23 Elseブロック内に「レポートを開く」アクションを設定

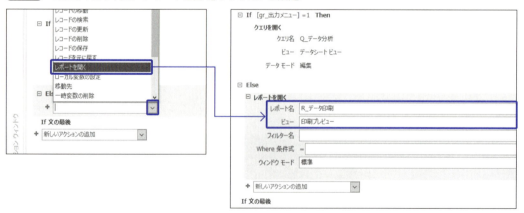

CHAPTER 4

4-2 条件分岐「If」について理解しよう

If構文はプログラミングでとても重要で、よく使うものです。Ifを使いこなすことでマクロの機能を充実させることができるので、しっかり理解しておきましょう。

4-2-1 作ったマクロを理解しよう

4-1-2（76ページ）で作ったマクロを、おさらいも兼ねて読み解いていきます。If文を使うと設定する項目が増えて、マクロの中身が一気に大きくなったように思えますよね。少々戸惑うかもしれませんが、まずは太字の部分に注目しましょう。Ifブロックは、太字の部分を見てみるとここからここまでがわかりやすくなります（図24）。

そして、その中に入っているアクションは、少し字下げ（インデント）されています（図25）。インデントされている部分が、そのブロックの対象となるのです。

図24 「太字」部分に注目して大枠をつかむ

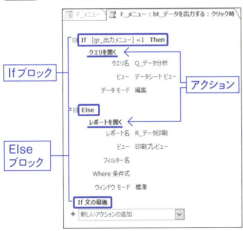

図25 ブロック内のアクション

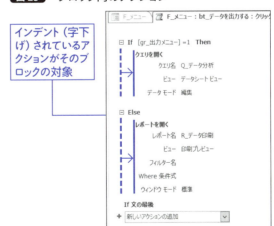

このマクロを実行したとき、「gr_出力メニュー」の値が「1」だったときは図26の動作になります。

なお、プログラムでは「条件を満たす」ことをTrueと表現します。

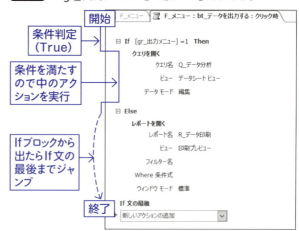

図26 「gr_出力メニュー」の値が「1」だったとき

「それ以外」、つまり「gr_出力メニュー」の値が「1」でなかったときは図27の動作になります。なお、「条件を満たさない」ことをFalseと表現します。

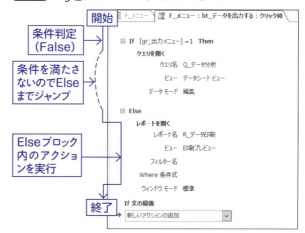

図27 「gr_出力メニュー」の値が「1」でなかったとき

ここで注意しなければならないのは、Elseブロックに該当するのは「gr_出力メニュー」の値が「2」のときだけではないということです。

図28 「Else」は「条件以外のすべて」の場合が対象

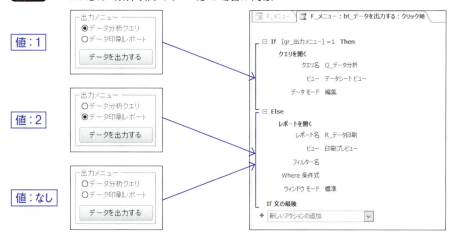

　このグループ内には選択肢が2つだけで、かつオプションボタンは既定値として「1」を設定してあるので、「1」以外のときは「2」しかあり得ません。したがって今回はElseで問題ありませんが、もしも規定値を設定しなかった場合、「gr_出力メニュー」の値が「なし」というケースも有り得ます。Elseは「1以外」という条件なので、「なし」でもElseに含まれてしまうのです（図28）。

　既定値を設定しない場合や、選択肢が3つ以上の場合は、Elseにさらに条件を付けたElse Ifという構文もありますので、それはのちほどCHAPTER 5（106ページ）で解説します。

　それではここでいったん「上書き保存」してマクロツールを閉じます（図29）。

図29 マクロを上書き保存して閉じる

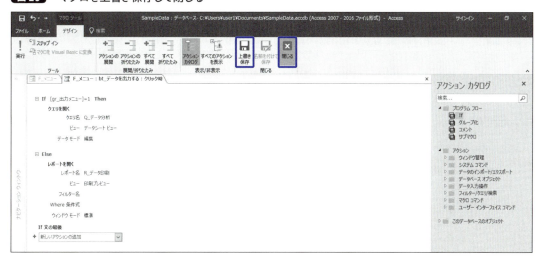

フォームビューに切り替えて実際の動きを見てみましょう。オプションボタンをどちらか選択してボタンをクリックすると、選択されたオブジェクトが開くのが確認できます（図30）。

図30 フォームビューで動作確認

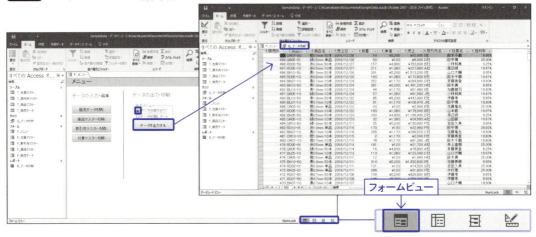

4-2-2 マクロを折りたたんで読みやすくしよう

マクロは作り込んでいくうちに設定項目が増えて、どうしても把握しづらくなってしまいます。コツは太字部分に注目することですが、アクションやIf文の太字の左側に表示されている⊟マークをクリックすることで、表示を折りたたむことができます（図31）。マクロは折りたたむと全体の流れがわかりやすくなります。

図31 マクロを折りたたむ

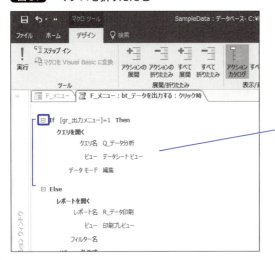
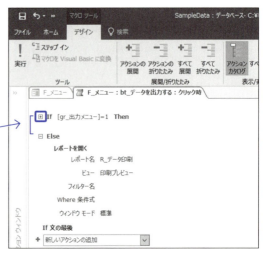

ひとつずつ手動でも設定できますし、リボンの「展開/折りたたみ」グループでは、マクロウィンドウ内のすべての項目を一括で操作することができます。

「アクションの展開」「アクションの折りたたみ」は、If構文などのプログラムフローには作用せず、「アクション」のみを操作することができます（図32）。

図32 アクションの折りたたみ

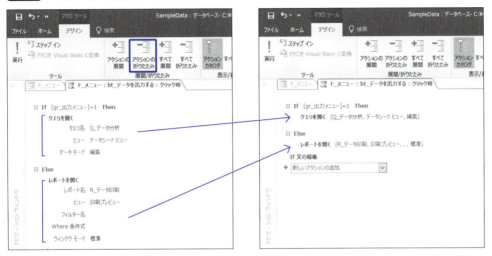

「すべて展開」「すべて折りたたみ」は、プログラムフローの構文も含めて、すべての項目を操作することができます（図33）。

図33 すべて折りたたみ

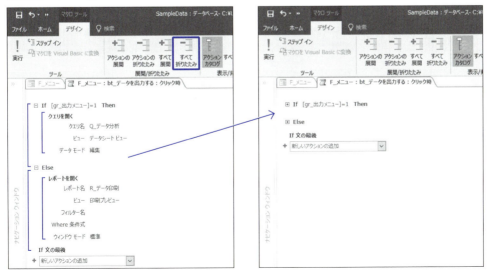

4-2-3 コメントを入れて読みやすくしよう

構文やアクションを折りたたむことで、マクロはすっきりして読みやすくなりますが、さらに適宜メモを残しておくとわかりやすくなります。

「アクションカタログ」の「プログラムフロー」にある「コメント」という機能で、マクロの動作には影響のない任意の文字を、マクロウィンドウ内に書くことができるのです。

実際に入れてみましょう。「コメント」を任意の場所へドラッグします（図34）。

図34 コメントの挿入

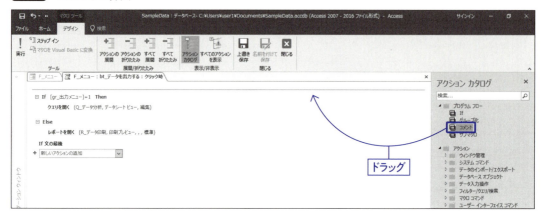

このボックス内に書いた文字はマクロの動作に影響しません。概要、注意点、作成日時、作成者など自由に書き込むことができます（図35）。

図35 コメントを記入

4-2 条件分岐「If」について理解しよう

書き込んだあと、選択を解除すると、コメント部分は緑色の太字で表示されます（図36）。

図36　コメントの見え方

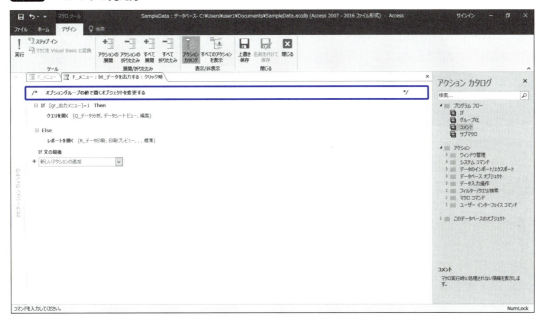

CHAPTER 4

4-3 フォームに入力された値を利用しよう

ここまでで、クエリとレポートを開くマクロも作ることができました。しかし、実際業務で使う場合はクエリやレポートは条件で絞り込んで表示することが多いはずです。そんな機能を作るには、どうしたらよいのでしょうか？

4-3-1 コントロールを配置しよう

今回マクロで表示させているのは「Q_データ分析」クエリと「R_データ印刷」レポートですが、このレポートは「Q_データ分析」クエリをレコードソースとしているので、クエリに条件を設定できれば、両方へ反映させることができます。

それを踏まえて、「F_メニュー」フォームに条件絞り込み用のコントロールを設置してみましょう。図37のような形を目指します。

図37 条件絞り込み用コントロールの構想

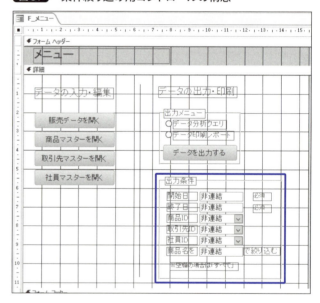

まずはテキストボックスを作ります。デザインビューにて「デザイン」タブの「コントロール」より「テキストボックス」を選択し、任意の場所へクリックまたはドラッグします（図38）。

4-3 フォームに入力された値を利用しよう

図38 テキストボックスの挿入

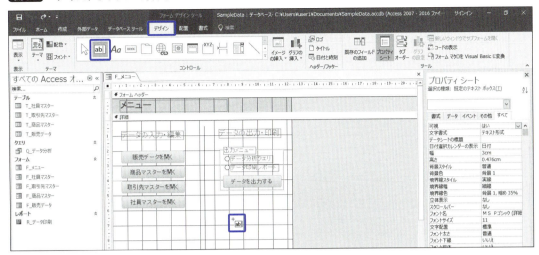

テキストボックスウィザードが開きます（**図39**）。これらの項目はプロパティーシートでも設定できるので、特別なことがなければキャンセルしてかまいません。

図39 テキストボックスウィザード

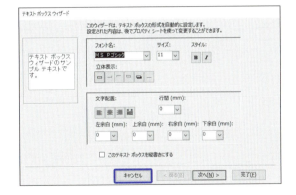

テキストボックスが作成されました。デザインビュー上では中に「非連結」と表示されます（**図40**）。

図40 非連結のテキストボックス

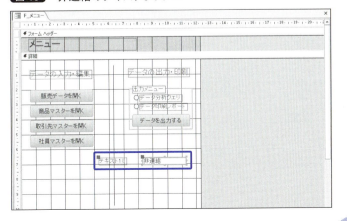

CHAPTER 4 高機能なフォームからクエリやレポートを操作しよう

　レコードソースが存在するフォームを**連結フォーム**、存在しないフォームを**非連結フォーム**と呼ぶように、コントロールでも、コントロールソース（3-1-3　43ページ）が存在する場合**連結コントロール**、存在しない場合は**非連結コントロール**と呼びます（**図41**）。なにかの条件として使うコントロールは、テーブルのデータに影響を与えない非連結状態がよいでしょう。

図41　コントロールにも非連結がある

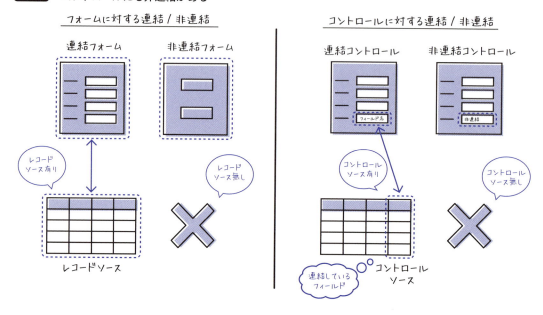

　次は非連結のコンボボックスを作ってみましょう。「コントロール」から「コンボボックス」を選択して任意の場所でクリックまたはドラッグして作成します（**図42**）。

図42　コンボボックスを挿入

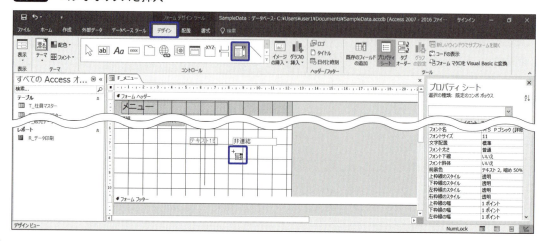

コンボボックスは選択肢をウィザードで設定するのが便利です。図43のように「値をテーブルから取得する」にして次へ進みます。

取得元となるテーブルを選択して「次へ」をクリックします（図44）。

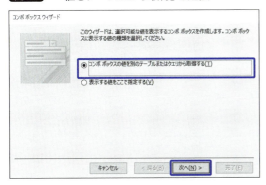

図43　「値をテーブルから取得」を選択

図44　テーブルを選択

コンボボックスに表示する項目を選択します。「ID」と「名称」を2列で表示するとわかりやすくなります（図45）。

並び替えは任意ですが、指定したい並びがある場合は設定します（図46）。

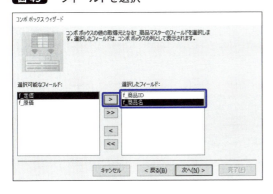

図45　フィールドを選択

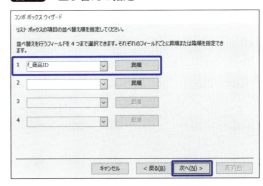

図46　並び替えの指定

表示する列と、列の幅を指定します。「キー列を表示しない」のチェックを外し、「ID」と「名称」の2列を表示させ、それぞれ適切な幅にします（図47）。

キー列の表示/非表示をチェックで選ぶことができますが、マクロなどではキー列である「ID」の値を頻繁に使用するため、表示されているほうがわかりやすくなります。

コンボボックスで取得する項目を指定します。キー列である「ID」を選択しておきます（図48）。

図47 表示列と幅の指定

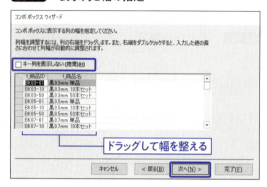

図48 取得する項目の指定

最後に、コンボボックスの「標題」となるラベルの内容を設定します（図49）。

コンボボックスができあがりました。このコンボボックスは「選択肢」にテーブルの値を使っているだけで、コンボボックス上で選んだ値はどこにも影響を与えないので、非連結コントロールです（図50）。

図49 標題の指定

図50 非連結のコンボボックスができた

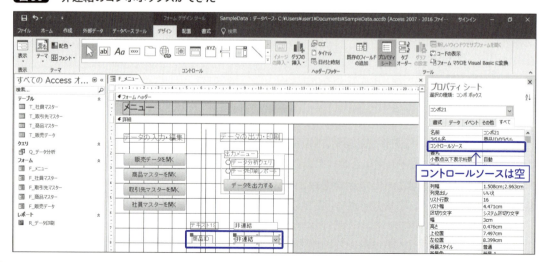

フォームビューで見てみると、図51のように2列表示され、選択すると1列目のIDがコンボボックス内に表示されます。

図51 フォームビューでの見え方

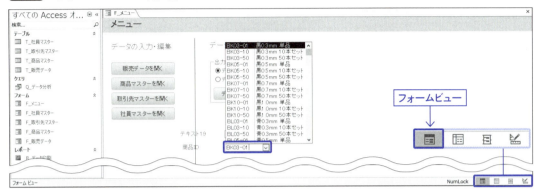

選択肢のリスト幅が思わしくない場合、図52を参考にプロパティーシートの「列幅」や「リスト幅」で調節しましょう。

図52 列幅・リスト幅の調整

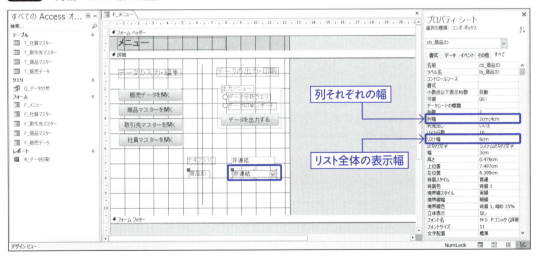

ここまでの方法を参考に、図53のようにテキストボックスとコンボボックスを3つずつ作成します。コントロールの「名前」も、図を参考に変更してください。

CHAPTER 4 高機能なフォームからクエリやレポートを操作しよう

テキストボックスは既存のものをコピー＆ペーストして作成してもよいのですが、コンボボックスはコピー＆ペーストしてしまうと選択肢の再設定がやや面倒なので、90ページからの手順を「取引先マスター」「社員マスター」と読み替えて、ウィザードで作成するのがよいでしょう。

図53 ほかのコントロールも作成

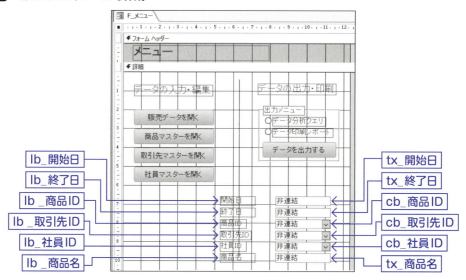

また、このように規則的に複数のコントロールが並ぶ場合、レイアウトを設定するときれいに並びます。該当するコントロールをすべて選択して「配置」タブの「集合形式」をクリックします（**図54**）。

図54 「集合形式」レイアウトを設定する

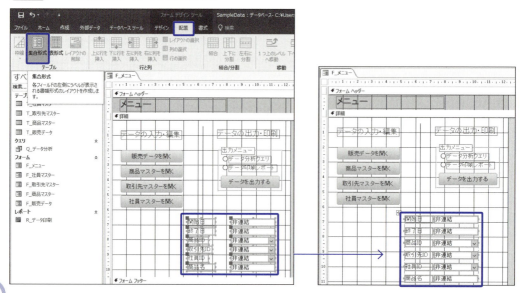

間隔を狭めたい場合は、「配置」タブの「スペースの調整」を「狭い」にしてみましょう（図55）。

図55 スペースの調整

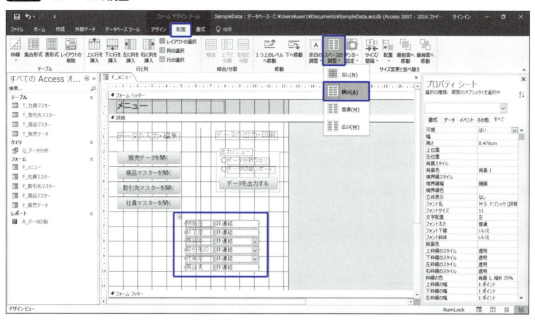

これで幅や位置も整えておきます。また、「開始日」「終了日」のテキストボックスは日付が入るので、「書式」タブで表示形式を「日付（標準）」にしておくとよいでしょう（図56）。こうすることで、フォームビューで開いたときにカレンダーを使用することができ、日付以外の入力ができなくなります。

図56 書式を「日付」にする

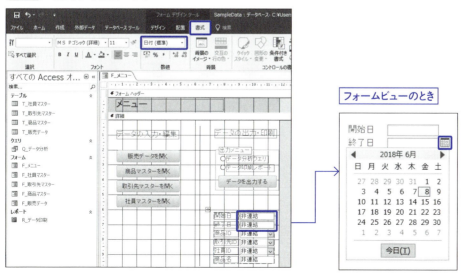

また、プロパティーシートの「データ」タブの「既定値」に日付を設定しておくことで、フォームビューで開いたときに、すでに値が入った状態にすることができます（図57）。日付は、「#」で挟んで記述します。

図57 規定値の設定

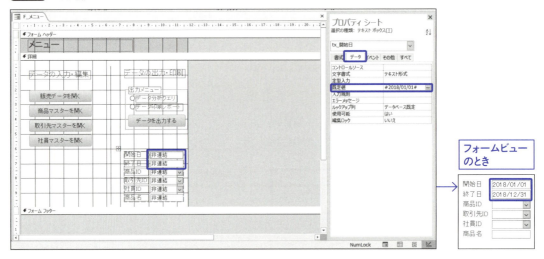

サンプルではテーブルに入っているデータに合わせて2018年の日付が指定されていますが、実務では固定の日付を入力しておくより「利用しているその日」を基準に自動で日付が変わるように式を入れておくのもおすすめです。

表1 開始日と終了日の既定値の例

開始日	終了日	意味
DateAdd("d",-7,Date())	Date()	1週間前から今日まで
DateAdd("m",-1,Date())	Date()	1ヵ月前から今日まで
DateAdd("yyyy",-1,Date())	Date()	1年前から今日まで
DateSerial(Year(Date()),Month(Date()),1)	DateSerial(Year(Date()),Month(Date())+1,0)	今月の1日から月末まで

あとは、ラベルや四角形などのコントロールを使って図58のような名前で装飾します。表示形式を「日付」にしたコントロールは、フォームビューで選択したときに右端にカレンダーのアイコンが出るので、少し余白を持たせるとよいでしょう。

4-3 フォームに入力された値を利用しよう

図58 そのほかの装飾

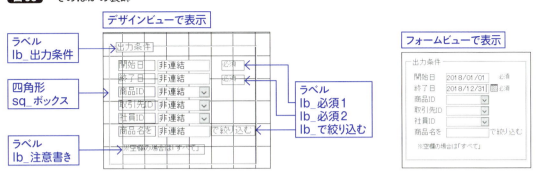

なお、「lb_出力条件」の「背景スタイル」を「普通」にして、右クリックから「位置」→「最前面へ移動」を選択すると、四角形コントロールの線に重ならずに表示できます。

4-3-2 クエリ&レポートに組み込もう

フォームに設置したコントロールの値をクエリの条件に組み込みます。ナビゲーションウィンドウの「Q_データ分析」クエリを右クリックしてデザインビューで開きましょう（**図59**）。

図59 クエリをデザインビューで開く

まず、「f_商品ID」フィールドに、さきほどフォーム上に設置したコンボボックスの値で絞り込むように組み込んでみましょう。「抽出条件」を選択してリボンの「ビルダー」をクリックします（**図60**）。

図60 ビルダーの起動

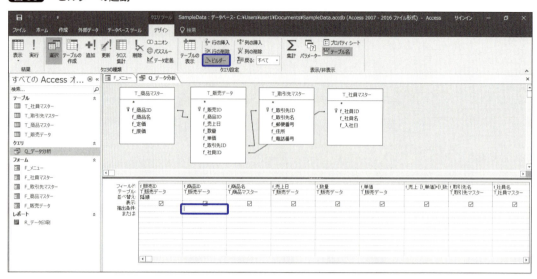

「式の要素」を展開し、「F_メニュー」を選択すると、「式のカテゴリ」で該当フォーム上のコントロールが選べるようになります。ここから目的のコンボボックスである「cb_商品ID」をダブルクリックすることで、「Forms![F_メニュー]![cb_商品ID]」と自動で挿入されます。

ただしそれだけでは、コンボボックスが空白だったときに「該当データなし」となってしまうので、未選択の場合は「すべて」にする条件も加えて、「Like Nz(Forms![F_メニュー]![cb_商品ID],"*")」と記述します（図61）。英数字、スペースは必ず半角で入力してください。

図61 フォームの値を使った条件式の作成

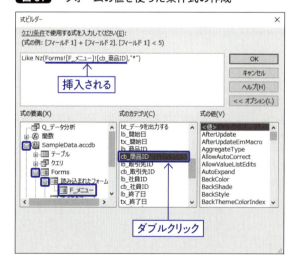

「OK」をクリックするとビルダーが閉じ、条件が挿入されました（図62）。

図62 条件式が挿入された

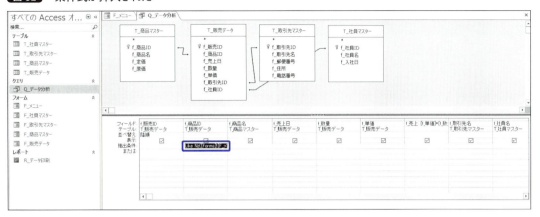

これと同じ手順で「取引先ID」と「社員ID」の条件も追加するのですが、このクエリではこれらのフィールドは使われていません。この場合、フィールドを追加して「表示」のチェックを外せば、クエリ結果にフィールドを表示しないまま条件として使うことができます（図63）。

図63 フィールドを表示せず条件として使う

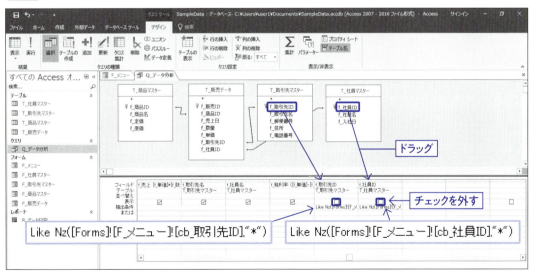

次に「開始日」「終了日」に挟まれたデータのみ抽出する条件を組み込みます。「f_売上日」フィールドの「抽出条件」を選択してビルダーを起動し、これまでと同様にダブルクリックで挿入しながら、「Between Forms![F_メニュー]![tx_開始日] And Forms![F_メニュー]![tx_終了日]」と入力しま

す（図64）。

図64 日付を条件に組み込む

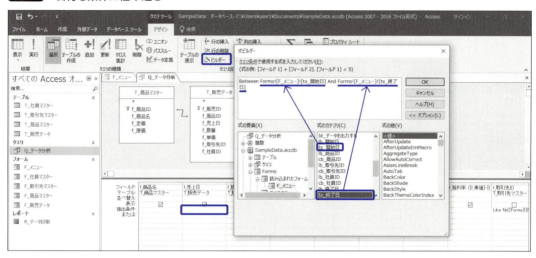

最後に、「商品名」をフリーワードで絞り込む条件を付けてみましょう。「f_商品名」フィールドの「抽出条件」を選択してビルダーを起動し、「Like "*" & Forms![F_メニュー]![tx_商品名] & "*"」と入力すると（図65）、「f_商品名」フィールドにそのワードが「含まれる」もののみ絞り込むことができます。

図65 キーワードが「含まれる」条件を組み込む

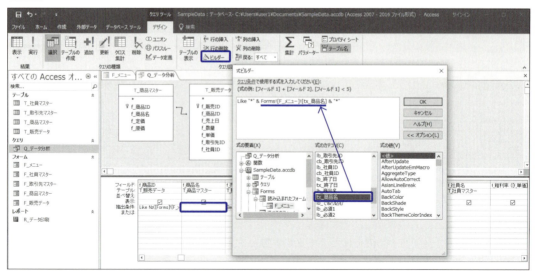

これでクエリの設定は終了です。上書き保存して閉じておきましょう（図66）。

図66 クエリデザインを保存して閉じる

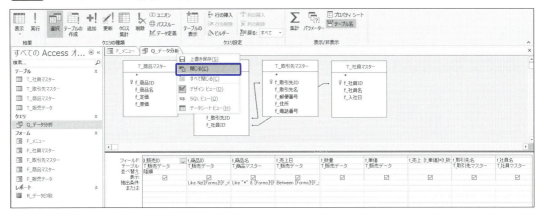

4-3-3 入力欄をクリアしよう

フォームの値をクエリの条件にすることはできましたが、ユーザーの使い勝手を考えるといったん入力した複数の条件を**クリア**するボタンがあると便利です。これを作ってみましょう。「F_メニュー」フォームにボタンを追加します。ウィザードはキャンセルします。名前は「bt_条件クリア」にしておきます（図67）。

図67 「条件クリア」ボタンを作る

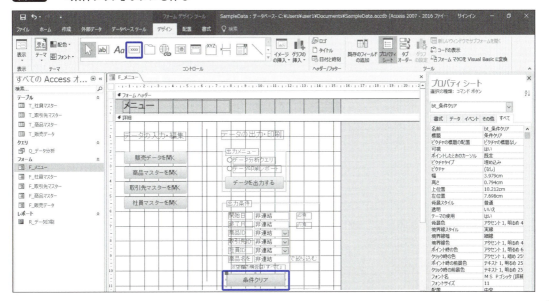

CHAPTER 4 高機能なフォームからクエリやレポートを操作しよう

ボタンを右クリックし、「イベントのビルド」→「マクロビルダー」と進んでイベントマクロを作成し、アクションカタログの「データベースオブジェクト」の中にある「プロパティの設定」をドラッグします（図68）。

図68 「プロパティの設定」アクションを追加

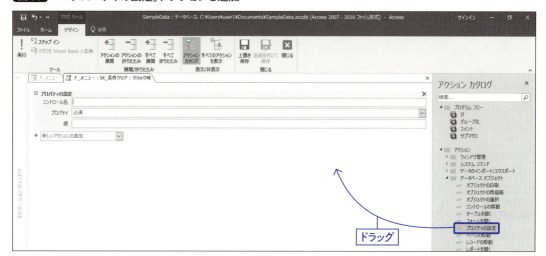

引数の「コントロール名」「プロパティ」「値」を図69のように設定します。「=Null」というのは、「なにもない」という意味です。

この場合の「=」は、「等しい（比較演算子）」という意味ではなく、「入れる（代入演算子）」という意味を持ちます。決まった文字列や数値などを入れたい場合、「=」はなくてもよいのですが、式や変数（6-3 153ページ）やNullなど、プログラム上特殊な内容を入れたい場合は、「=」を付けて識別します。

残りのコントロールも同じように設定します（図70）。なお、「tx_開始日」「tx_終了日」をNullにしてしまうとエラーになってしまうので、この2つはクリアしないようにしておきましょう。

これでマクロを上書き保存して閉じます。

図69 引数の設定

図70 同様のアクションを追加

4-3 フォームに入力された値を利用しよう

4-3-4 実行して動作確認しよう

それではフォームビューに切り替えて、動かしてみましょう。任意のコンボボックスを選択してクエリを開くと、指定の条件で絞り込まれて開くことができました（図71）。

図71 「ID一致」の動作確認

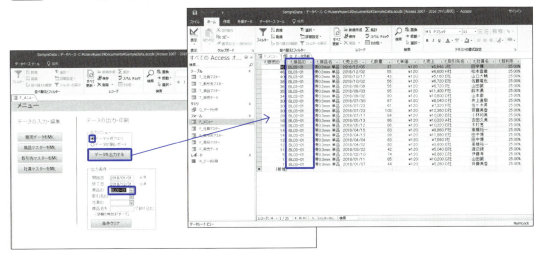

クエリを閉じ、今度はレポートを開いてみましょう。図72のように設定すると、商品名に「0.3」という文字列が含まれるレコードのみを取り出すことができます。

図72 「キーワードが含まれる」の動作確認

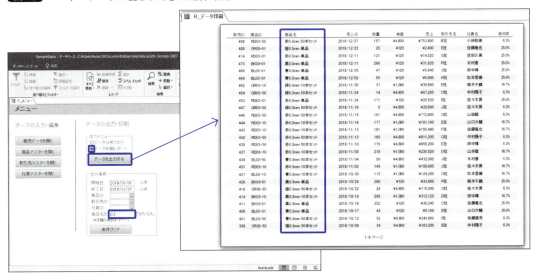

「条件クリア」ボタンも、クリックすると4つのコントロールの値がNullになるのが確認できます（図73）。

図73 「条件クリア」ボタンの動作確認

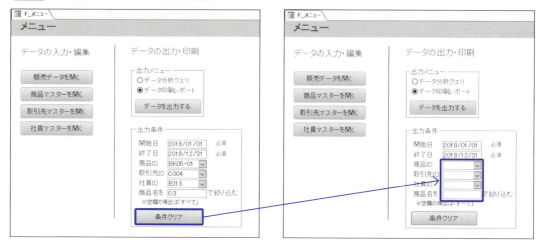

なおこの時点では、「データを出力する」ボタンでクエリやレポートを開いたあと、そのオブジェクトを閉じずに「F_メニュー」フォームへ戻って条件を変更し、再度同じ操作をしても、新しい条件は反映されません。条件を反映させるには、いったん該当のオブジェクトを閉じる必要がありますので、5-3（117ページ）で方法を紹介します。

アプリケーションを仕上げて使いやすくしよう

CHAPTER 5

5-1 フォームを呼び出すボタンをまとめよう

現状、「データの入力・編集」をするテーブルは4つあり、そのテーブルを開くボタンもそれぞれ4つあります。この部分を整理してまとめてみましょう。

5-1-1　ボタンを整理しよう

　テーブルには種類があり、変化が少なく、ある特定の情報の基礎となるデータを格納するテーブルを**マスターテーブル**、更新頻度が高く、レコードがどんどん増えていく性質のデータを格納するテーブルを**トランザクションテーブル**と呼びます。

　今回のサンプルでは「T_販売データ」がトランザクションテーブル、「T_商品マスター」「T_取引先マスター」「T_社員マスター」がマスターテーブルです。この3つの「マスターテーブルを開く」ボタンを、オプショングループでまとめて選択式にしてみましょう。

　4-1-1（72ページ）を参考に、選択肢が3つあるオプショングループを作成します（図1）。既定値は「商品マスター」にしておきます。

図1　オプショングループの作成

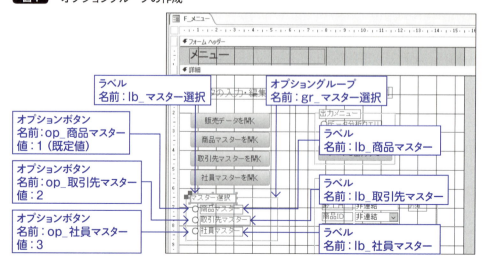

5-1 フォームを呼び出すボタンをまとめよう

さきに作ってあったマスターテーブル用のボタンを、Shiftキーを押しながら、複数選択し、右クリックから「削除」します（**図2**）。Deleteキーでも削除できます。

図2 不要なボタンを削除

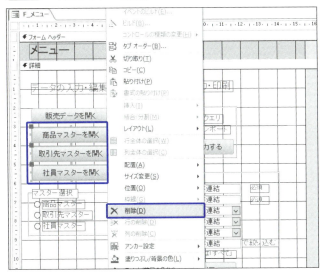

コマンドボタンを作成（ウィザードはキャンセル）し、図3のように標題や名前を設定してオプショングループの枠内に設置します。

図3 コマンドボタンをオプショングループ枠内へ設置

5-1-2 Ifを使って条件分岐しよう

「bt_マスターデータを開く」ボタンにマクロを設定します。右クリックして「イベントのビルド」→「マクロビルダー」と進み、マクロツールを開きます（**図4**）。

図4 マクロツールを開く

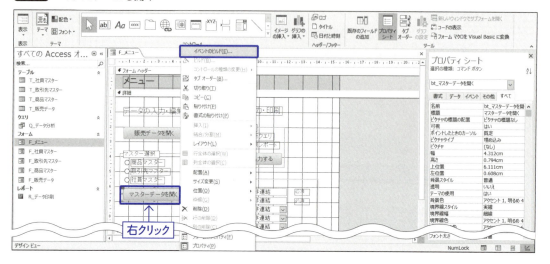

If構文を挿入し、ビルダーを使って条件式に「[gr_マスター選択] =1」と入力します（**図5**）。

図5 If構文と条件を入力

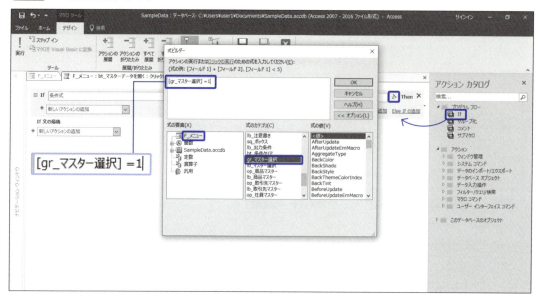

作成したIfブロックの中に、「フォームを開く」アクションを設定します（図6）。

図6 Ifブロック内にアクションを設定

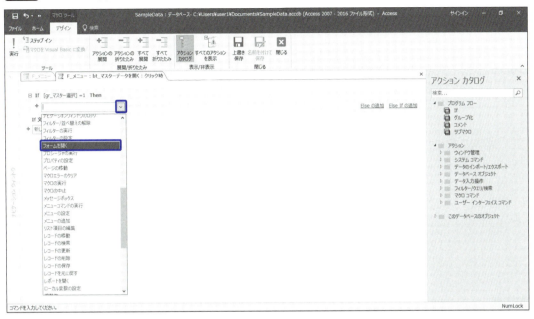

このIfブロックの条件は「オプショングループの値が1だった場合」なので、引数に「F_商品マスター」フォームを指定します。ユーザーによる開きっぱなしを防ぐため、ウィンドウモードも「ダイアログ」にしておきましょう（図7）。

図7 引数の設定

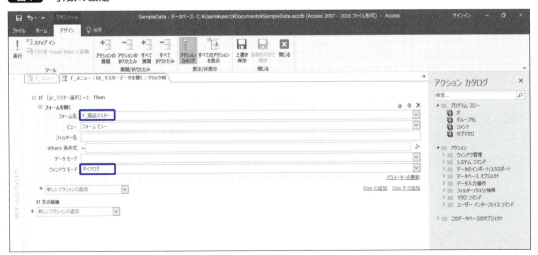

4-2-1（81ページ）で紹介した方法は2択だったのでIfとElseを使いましたが、今回は3択です。この場合は、**Else If**を使い、「それ以外でもしも〜だったら」という条件を作ります。

Ifブロックの右下に表示される「Else Ifの追加」をクリックします（図8）。

図8 Else Ifの追加

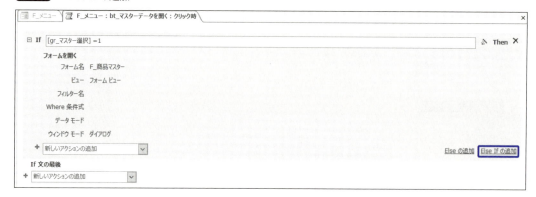

Else Ifブロックができました（図9）。この方法で、3択以上の条件分けを作ることができます。

図9 Else Ifブロック

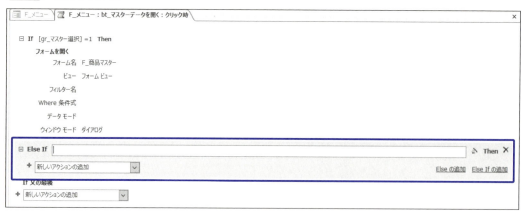

Else Ifブロックの条件は**オプショングループの値が2だった場合**で、ブロックの中には「F_商品マスター」フォームを開くアクションを指定します（図10）。

図10 Else If条件とアクションを設定

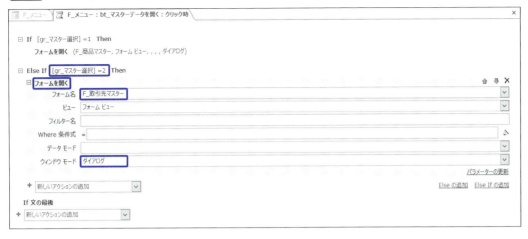

続いて「Elseの追加」をクリックして図11のようにもう1つの「フォームを開く」アクションを設定すれば完成です。なお、規定のオプションを設定していない場合、値が「なし」の場合もElseに含まれてしまうので注意してください（**4-2-1**　81ページ）。

図11 Elesブロックの設定

また、Else Ifで複数の条件を作った場合、実行されるアクションは最初に条件に合うブロック内1回のみです。図12の右のパターンのように2つ以上合致する条件がある場合は、「Else If」は**それ以外でもしも**という意味なので、下にある条件はスルーします。

図 12 Ifで実行されるブロックは1つだけ

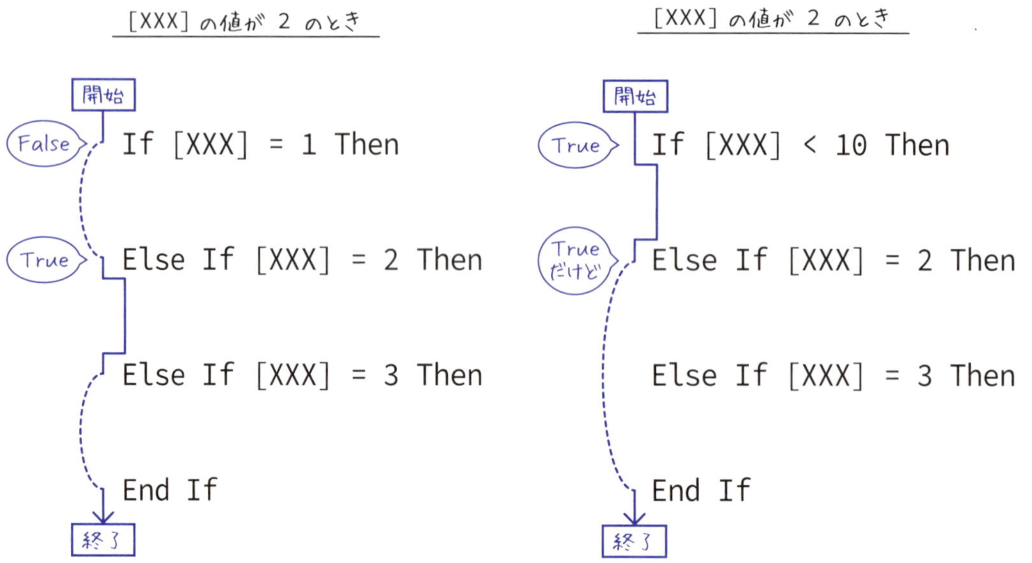

[XXX] の値が 2 のとき
開始
False
If [XXX] = 1 Then
True
Else If [XXX] = 2 Then
Else If [XXX] = 3 Then
End If
終了
[XXX] の値が 2 のとき
開始
True
If [XXX] < 10 Then
True だけど
Else If [XXX] = 2 Then
Else If [XXX] = 3 Then
End If
終了

上書き保存してマクロツールを閉じ、フォームビューに切り替えて動作確認してみると、選択した項目に合致したフォームが開きます(図13)。

図 13 動作確認

メニュー
データの入力・編集
販売データを開く
マスター選択
商品マスター
取引先マスター
社員マスター
マスターデータを開く
F_取引先マスター
取引先マスター編集
取引先ID
取引先名
A社
郵便番号
161-0035
住所
東京都新宿区中井
電話番号
000-000-001
条件クリア

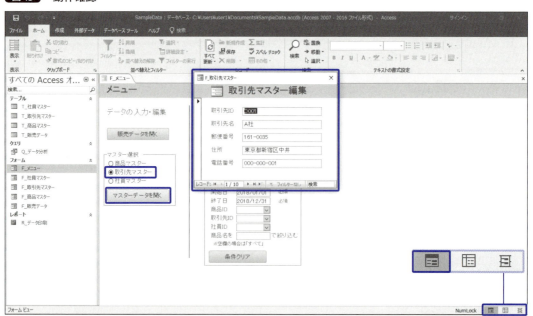

CHAPTER 5

5-2 自動で新規レコードへ移動しよう

連結フォームは、デフォルトでは先頭のレコードが表示されるようになっています。テーブルの更新頻度や目的によっては、開いたときに新規レコードが表示されている場合のほうが便利な場合もあります。

5-2-1 フォームのデザインビューからマクロを設定しよう

「T_販売データ」テーブルは「既存データの編集」より「新規データの追加」のほうが多いと想定されるトランザクションテーブルです。ユーザーにもっと便利に使ってもらうため、フォームを開いたら新規レコードに移動する、という動きをマクロで作ってみましょう。

「F_販売データ」フォームをデザインビューで開きます（図14）。

図14 該当のフォームをデザインビューで開く

「フォーム」を選択した状態で、プロパティシート「イベント」タブの「開く時」項目の「…」をクリックして、「マクロビルダー」を選択し、イベントマクロを作成します（図15）。

CHAPTER 5 アプリケーションを仕上げて使いやすくしよう

図15 「開く時」のイベントマクロを作成

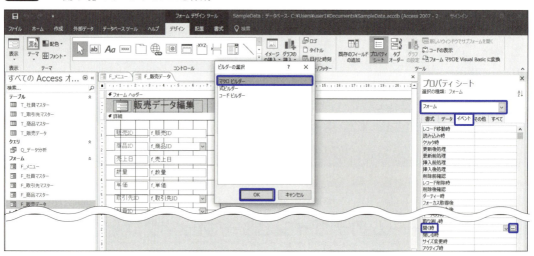

5-2-2 レコードを移動しよう

マクロツールが開いたら、アクションカタログの「アクション」→「データベースオブジェクト」フォルダーから「レコードの移動」アクションを選んでドラッグします（図16）。「新しいアクションの追加」リストからも選択できます。

図16 「レコードの移動」アクションを追加

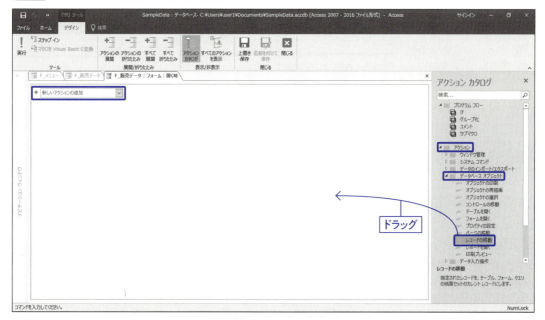

「レコード」引数を「新しいレコード」にして完了です（図17）。上書き保存してマクロツールを閉じます。

図17 引数を設定して上書き保存

5-2-3 実行して動作検証しよう

「F_販売データ」フォームを上書き保存して閉じます（図18）。

図18 フォームを上書き保存して閉じる

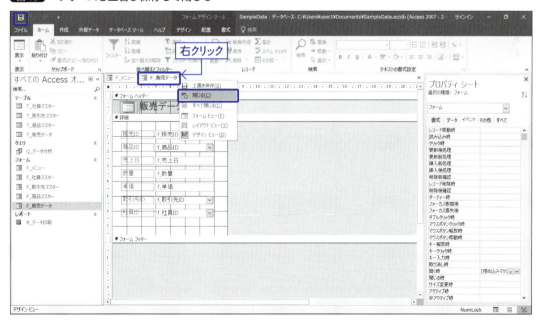

CHAPTER 5 アプリケーションを仕上げて使いやすくしよう

「F_メニュー」をフォームビューに切り替えて「bt_販売データを開く」ボタンをクリックすると、「F_販売データ」フォームが開き、自動で新規レコードへ移動しているのが確認できます（図19）。

図19 動作確認

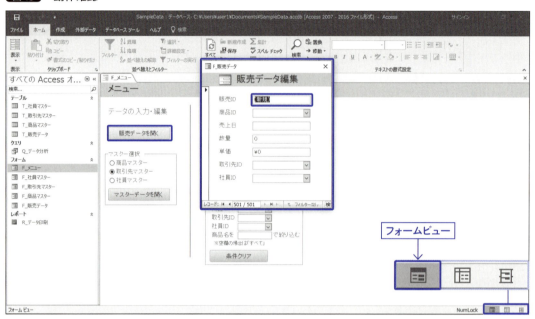

CHAPTER 5

5-3 開いているオブジェクトを閉じよう

現状、クエリやレポートを開くマクロでは、いったんオブジェクトを閉じないと条件を変えても反映されません。この部分を改善するマクロを追加してみましょう。

5-3-1 既存のマクロにアクションを追加しよう

「F_メニュー」フォームをデザインビューに切り替え、「bt_データを出力する」ボタンを右クリックして「イベントのビルド」を選択し(図20)、マクロツールを開きます。

図20 マクロツールを開く

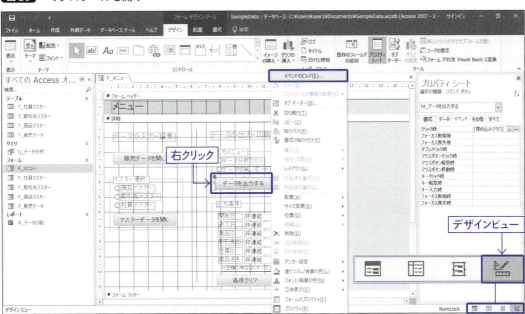

CHAPTER 4(72ページ)で作ったマクロが表示されます。クエリ/レポートを開くアクションの前に、それぞれ「閉じる」動作を行うアクションを追加します。

アクションカタログから「ウィンドウ管理」の「ウィンドウを閉じる」を選択し、目的の場所にドラッ

グすると、途中に挿入することができます (図21)。

図21 アクションを途中に挿入

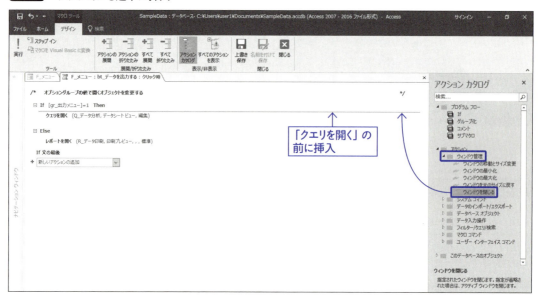

引数に、対象となるオブジェクトを指定します (図22)。

図22 引数を設定

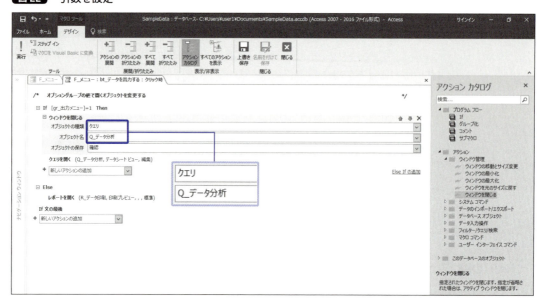

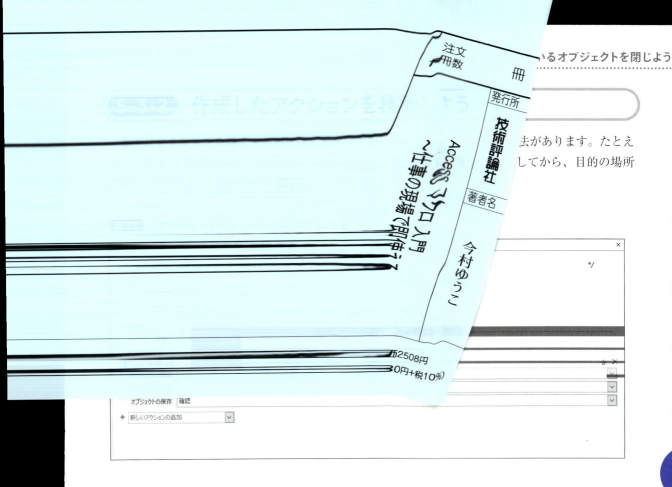

ほかにも、アクション名の右側に表示される矢印のマークをクリックすると、上下に移動することができます（図24）。また、「If」「Else If」「Else」ブロックを選択していると、そのブロック内の一番下にも「新しいアクションの追加」リストが現れるので、これを利用するのもよいでしょう。

図24　アイコンをクリックして移動する方法

CHAPTER 5 アプリケーションを使いやすくしよう

「ウィンドウを閉じる」アクションの引数については対象のレポートを指定して、上書き保存してマクロツールを閉じます。

図25 引数を設定して保存

5-3-3 実行して動作検証しよう

まずなにも条件を付けない状態でクエリもしくはレポートを開いておきます(図26)。

図26 条件なしでクエリを開く

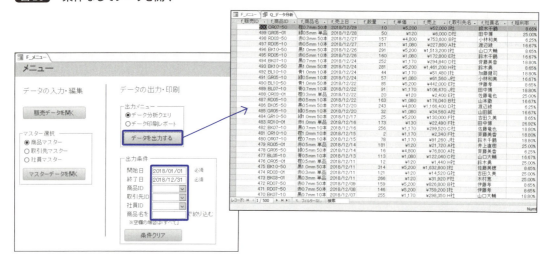

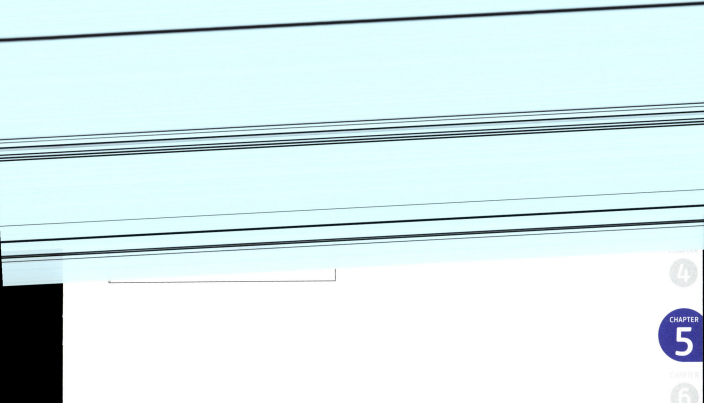

CHAPTER 5

5-4 データが0件の場合はマクロを中止しよう

条件を複数付けられるのは便利ですが、あまり絞り込みすぎると該当のレコードが存在しない場合があります。そんなときは、メッセージを表示してクエリ/レポートの表示を中止すると、利便性が向上します。

5-4-1 これから作るマクロを理解しよう

ここまで作成してきたマクロでは、条件によっては空のクエリやレポートが開いてしまうことがあります（図28）。

図28 該当レコードがない場合は空のクエリ/レポートが開く

このような場合、「マクロの中止」という処理を設定しておくと便利です。クエリ/レポートが開かれる前に、件数をチェックするIf構文を入れる構想です（図29）。

5-4-2 DCount関数を理解しよう

それではレコード件数をチェックするIf構文を作ってみましょう。「F_メニュー」フォームをデザインビューで開き、「bt_データを出力する」ボタンを右クリックして「イベントのビルド」を選択し（図30）、マクロツールを開きます。

図30 マクロツールを開く

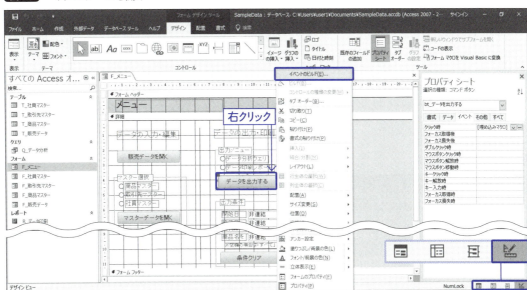

既存のマクロよりも処理が前にくるようにIf構文を挿入し、条件式のビルダーアイコンをクリックします（図31）。

図31 If構文を挿入しビルダーを起動

式ビルダーが表示されたら、「式の要素」で「組み込み関数」を、「式のカテゴリ」で「定義域集合関数」を選択し、DCount関数をダブルクリックして挿入します（図32）。この関数は、指定したテーブルやクエリのレコード数を取得することができます。

図32 DCount関数を挿入

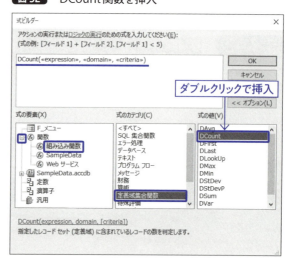

DCount関数は表1のように引数を必要とします。

表1 DCount関数

引数	説明
expression	必須。カウントするフィールド
domain	必須。テーブル名やクエリ名などのレコード群
criteria	省略可。カウントするレコードを絞り込むための条件式

「expression」に「"*"」を指定すると、Null フィールドを含むレコードの総数を取得できます。

だけで、条件式として成立していません。取得した数が0かどうかを条件にするため、「=0」を追記します（図34）。

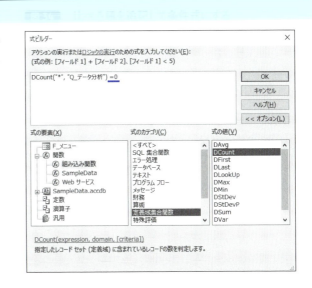

「OK」をクリックしてビルダーを閉じると、If構文の条件式が挿入されます。

5-4-3 アクションを設定して動作確認しよう

条件式ができてしまえば、あとはその条件を満たしたときに実行したいアクションを設定するだけです。まずはユーザーにメッセージを出します（図35）。

CHAPTER 5 アプリケーションを仕上げて使いやすくしよう

図35 「メッセージボックス」を設定

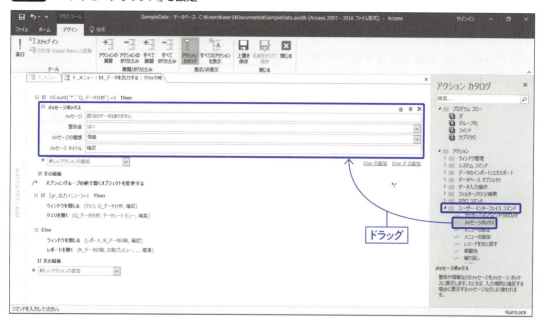

メッセージ出力後、マクロを終了するために「マクロの中止」アクションを設定します（図36）。

図36 「マクロの中止」を設定

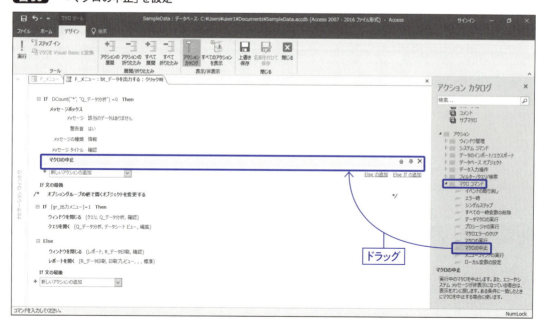

コメントも入れておくとわかりやすくなります（図37）。これでマクロツールを上書き保存して閉じます。

図37　コメントの挿入

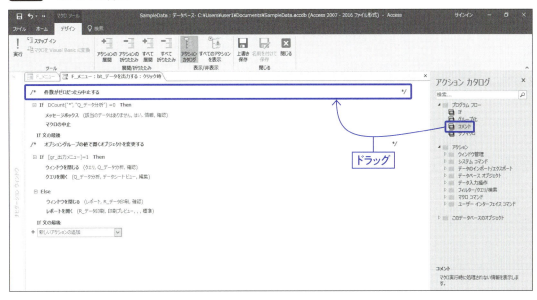

それではフォームビューに切り替えて動作確認してみましょう。レコード数がゼロになる条件を設定した場合、メッセージが表示されてマクロが中止されます（図38）。

図38　動作確認

CHAPTER 5

5-5 マクロの一部をグループ化して見やすくしよう

マクロは、アクションを追加していくとどんどん長くなっていきます。「折りたたみ」機能（4-2-2 84ページ）で表示を短くすることはできますが、ほかにも「グループ化」という方法でマクロを見やすくすることができます。

5-5-1 日付をチェックするマクロを作ろう

　現在「F_メニュー」フォームに、クエリやレポートを絞り込むための「tx_開始日」と「tx_終了日」というテキストボックスがありますが（図39）、この日付は順不同でも動いてしまいます。ユーザーの操作ミス防止のために、開始日が終了日よりあとだったらメッセージを出してマクロを終了するという機能も付け加えてみましょう。

図39　「開始日」と「終了日」

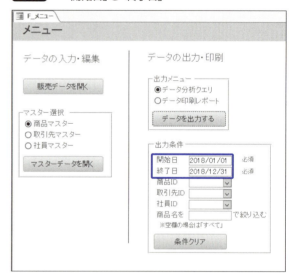

　「F_メニュー」フォームをデザインビューで開き、「bt_データを出力する」ボタンを右クリックして「イベントのビルド」を選択し、マクロツールを開いたら、マクロの先頭にIf構文を挿入し、条件式のビルダーを起動させます（図40）。

5-5 マクロの一部をグループ化して見やすくしよう

図40 If構文を挿入してビルダーを起動

コントロール名をダブルクリックして挿入しながら、「>」という不等号も入力して条件式を作成します（図41）。

If構文の条件式が挿入されました（図42）。

図41 条件式を作成

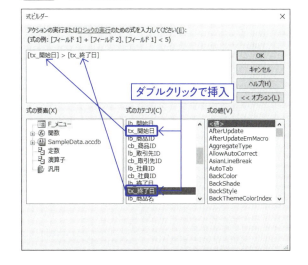

図42 条件式の完成

メッセージボックスの出力（図43）、マクロを中止するアクションを挿入します（図44）。

CHAPTER 5 アプリケーションを仕上げて使いやすくしよう

図43 「メッセージボックス」を設定

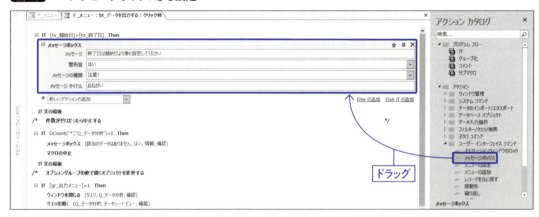

図44 「マクロの中止」を設定

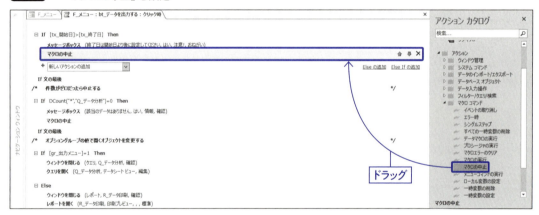

コメントも入れておくと、マクロの構造がわかりやすくなります(図45)。

図45 コメントの挿入

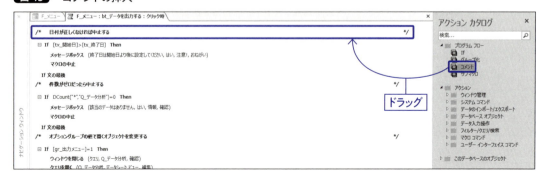

5-5-2 グループを作ろう

ここまでで、「日付のチェック」「件数のチェック」を経て、「オブジェクトを開く」というアクションの流れになっています。このマクロのメインは「オブジェクトを開く」部分で、前半の2つは「事前のチェック」という位置付けです（図46）。

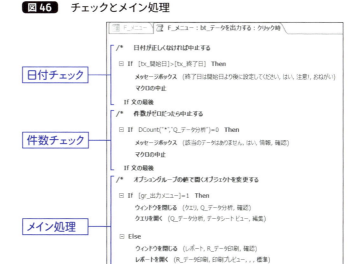

図46 チェックとメイン処理

この2つのチェック部分を**グループ化**という機能を使ってまとめてみましょう。アクションカタログの「プログラムフロー」から「グループ化」を選択して、アクションの先頭にくるようにドラッグします（図47）。

図47 「グループ化」を挿入

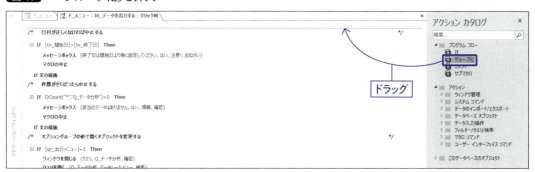

グループが挿入されました。グループには任意の名前を付けることができます（図48）。「グループの最後」と書かれてる部分までが1つのブロックになっていて、このブロック内に設定されたアクションがグループの対象となります。

図48 グループに名前を付ける

5-5-3 グループを編集しよう

「日付チェック」と「件数チェック」部分を、グループの中に移動します。コメントやアクションを選択すると右上に表示される矢印のアイコンをクリックすることで上下へ移動します（図49）。グループの中へも移動することができます（図50）。

図49 コメントを移動する

図50 グループ内へ移動できた

同じ要領で、「日付チェック」と「件数チェック」部分をすべてグループ内へ収めます（図51）。

図51　チェック部分をグループ内へ収める

これで、グループの先頭にある、■ボタンをクリックすると、グループが折りたたまれて表示がスッキリします（図52）。もちろん、折りたたまれていても動作に影響はありません。

これでマクロツールを上書き保存して閉じておきます。

図52　グループを折りたたむ

CHAPTER 5 アプリケーションを仕上げて使いやすくしよう

5-5-4 実行して動作確認しよう

フォームビューに切り替えて、新しく作った機能を試してみましょう。終了日が開始日よりも前の日付だと、メッセージが表示されてマクロが終了します（図53）。グループでたたまれていても、きちんと動作しています。

図53 日付チェックの動作検証

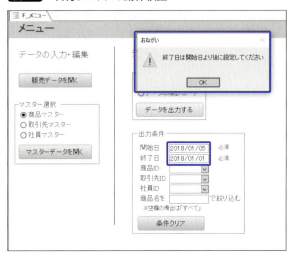

日付チェックを通過しても、レコードの件数チェックでゼロになれば、If構文が動作してマクロが終了します（図54）。

図54 件数チェックの動作検証

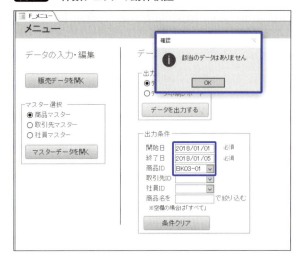

CHAPTER 6

Excelと
データをやりとりしよう

CHAPTER 6

6-1 クエリの結果をエクスポートしよう

データを別のアプリケーションで扱える形式で書き出すことを「エクスポート」と呼びます。まずは、クエリの結果をExcel形式へエクスポートするマクロを作ってみましょう。

6-1-1 フォームを改造しよう

「F_メニュー」フォームをデザインビューで開きます。現在「出力メニュー」にはクエリとレポートの2つの選択肢がありますが、この選択肢を増やしましょう。最初にオプショングループの枠を広げます。続いて「デザイン」タブ上で「オプションボタン」コントロールを選択し、オプショングループの枠内にカーソルを移動します。すると枠内の色が反転します（図1）。その状態で枠内でクリックすると、オプションボタンが追加されます。

オプション値が連番になっている場合、自動で続きが割り振られます（プロパティシートの「オプションの値」で確認できます）。この場合は「3」になりますね。オプションボタンとラベルの名前や標題を設定して、位置や枠の大きさなども整えましょう（図2）。

図1 オプションボタンの追加

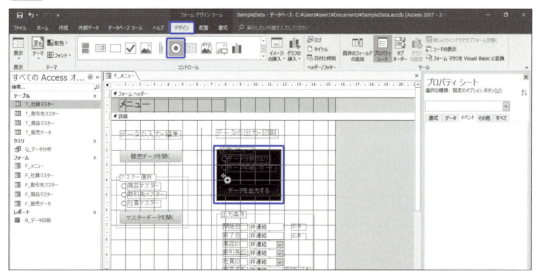

図2　名前や標題を設定

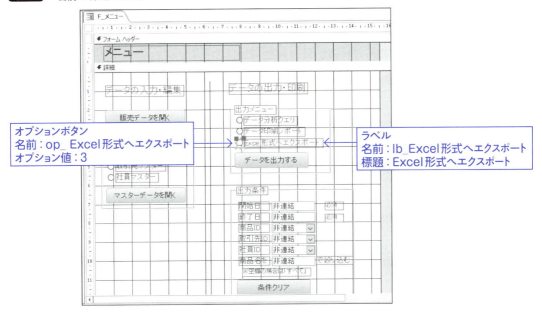

6-1-2　エクスポート用のマクロを作ろう

オプションボタンが追加できたら、「bt_データを出力する」ボタンを右クリックして「イベントのビルド」を選択し（図3）、マクロツールを起動します。

図3　マクロツールの起動

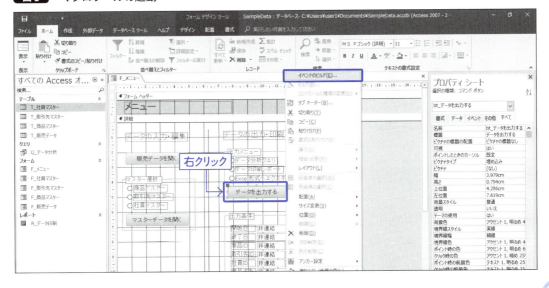

ここまでは選択肢が2つだったので、「If～Else」構文になっていますが、これを「If～Else If～Else」構文に変更します。「If」構文の太字部分をクリックすると「Else Ifの追加」が表示されるので、クリックします（図4）。

図4 「Else If」構文の追加

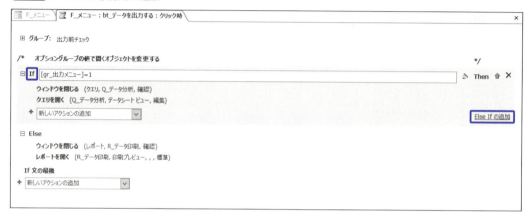

「Else If」構文が挿入されました。この条件に「[gr_出力メニュー]=2」と入力します（図5）。

図5 条件式の作成

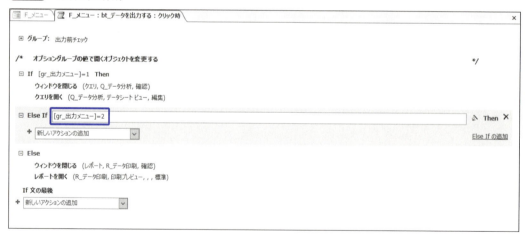

この「Else If」ブロックへ、「ウィンドウを閉じる」と「レポートを開く」アクションを移動します（図6）。

図6 アクションを移動

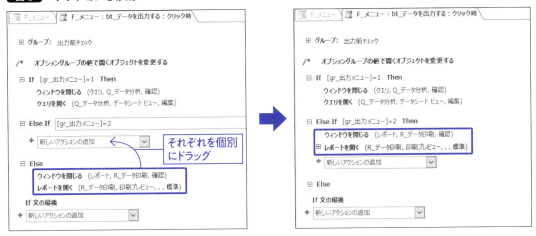

「Else」ブロックが、オプショングループの値が3の場合です。クエリを書き出すには、ここへアクションカタログの「データのインポート/エクスポート」内の「書式設定を保持したままエクスポート」アクションを挿入します（図7）。

図7 「書式設定を保持したままエクスポート」アクションの挿入

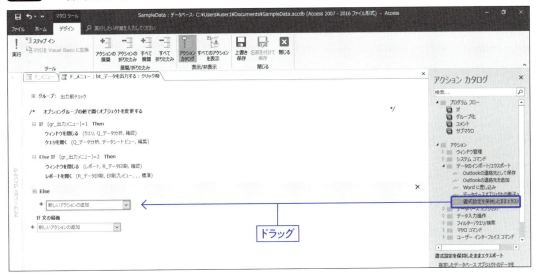

「オブジェクトの種類」「オブジェクト名」でクエリを指定し、「出力ファイル形式」にExcelブックを指定します。「出力ファイル」へは、「C:¥Users¥user1¥Documents¥output.xlsx」などのファイル名まで含めたフルパスを指定して出力できますが、指定なしだと実行時にダイアログボックスが表示されるので、ここでは空白にしておきます（図8）。

図8　引数の設定

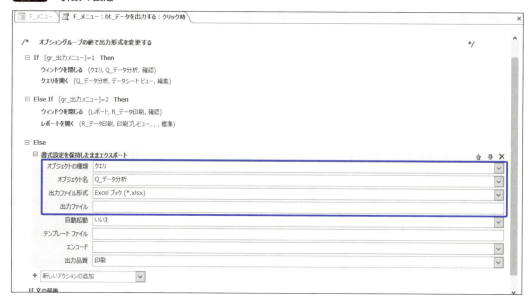

アクションを折りたたむと図9のようになります。これでマクロツールを上書き保存して閉じておきます。

図9　完成したマクロ

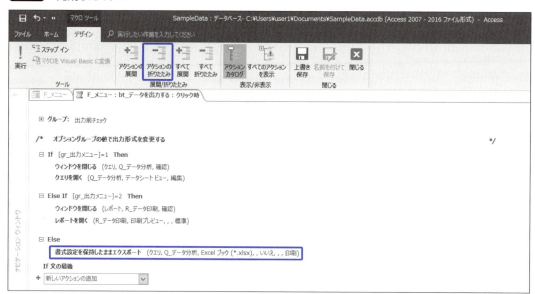

6-1-3 実行して動作確認してみよう

　フォームビューへ切り替えて、任意の条件を付けて「Excel形式へエクスポート」を選択し、「データを出力する」ボタンをクリックしてみましょう（図10）。

図10 エクスポートを試す

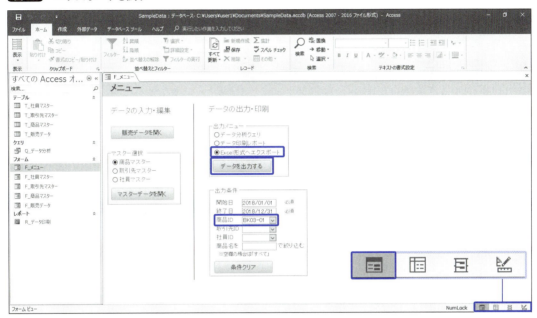

　さきほど、「書式設定を保持したままエクスポート」アクションの「出力ファイル」引数を空白にしておいたので、ダイアログボックスが表示されました（図11）。ここで任意の場所とファイル名を指定できます。

図11 場所とファイル名を指定するダイアログ

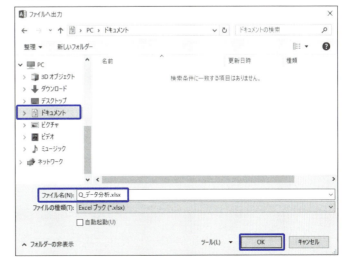

指定した場所にExcelファイルができました（図12）。

図12 出力されたExcelファイル

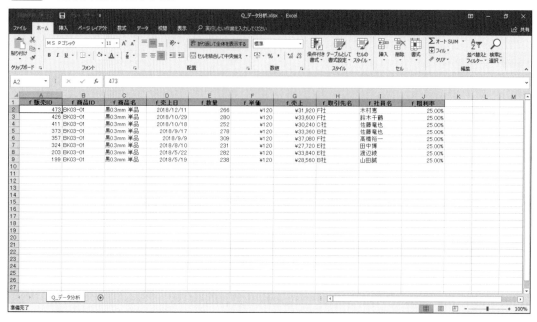

なお、出力されたExcelファイルはフィールド部分の「折り返して全体を表示する」が「ON」になるため、内容によっては行の高さが異なる場合があります。

CHAPTER 6

6-2 Excelデータをインポートしよう

「エクスポート」を学びましたが、その反対に、別のアプリケーションで作成したデータを取り込むことを「インポート」と呼びます。ここでは、Excel形式のデータをテーブルへインポートするマクロを作ってみましょう。

6-2-1 インポートについて理解しよう

　AccessのデータをExcel形式でエクスポートするのは比較的かんたんなのですが、インポートは制約が多く、失敗する場合もあります。その原因は、Accessは「データベースソフト」で、Excelは「表計算ソフト」であるという根本的な違いがあるからです。

　Accessでは、テーブルへ格納される際、データの並び順や値の形式などが厳密にチェックされており、1つでも正しくないデータがあると格納できないようになっているのです。対してExcelは自由度が非常に高く、さまざまなレイアウトでデータを保存できますが、データの表記や場所がバラバラでも格納できてしまうので、データベースのように整合性を保つのは難しくなります。

　また、Accessのテーブルではテキストデータしか扱わないので、Excelに図形やグラフ、罫線や文字/背景色などの書式設定があっても、いずれも反映できません。

　ざっくりと表現すると、Accessのほうが「シンプル」で「キッチリ」していて、Excelのほうが「装飾が自由」で「ゆるい」というニュアンスです。Accessにデータをインポートするためには、Accessのルールに則った「シンプル」で「キッチリ」したデータをExcel側で用意しなければなりません（図13）。

CHAPTER 6　Excelとデータをやりとりしよう

図13　AccessとExcelの特性

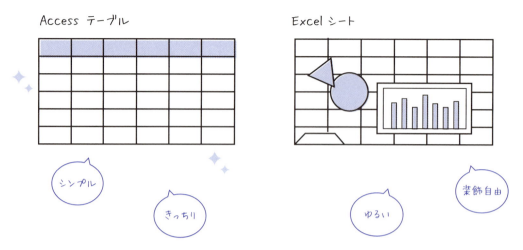

　本書では具体的なサンプルとして、CD-ROMの**CHAPTER 6**フォルダー内のBeforeフォルダーに入っているdata.xlsxを使います。このファイルをSampleData.accdbの「T_販売データ」テーブルにインポートしますが、**図14**のようにインポート先のテーブルの形式を守っていなければ正常に取り込むことができない可能性があります。

図14　インポート先のルールを守ったデータ（data.xlsx）

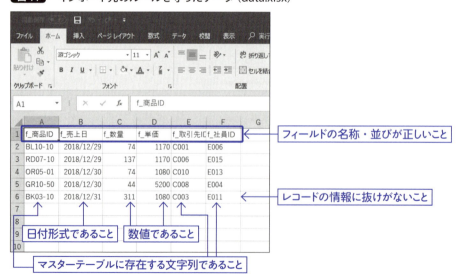

　ご自身で用意したデータを使う際には、インポートするデータと、インポート先のテーブルとの整合性には入念なチェックを行ってください。

なお、「全角」「半角」「大文字」「小文字」のどれか1つでも異なると、「違う文字列」として認識されてしまいます。「－（ハイフン）」や「スペース」にも全角と半角が存在していて、ぱっと見では似ていても同じ要素として集計ができなくなるので注意してください（図15）。

図15 些細な違いでも「別要素」となる

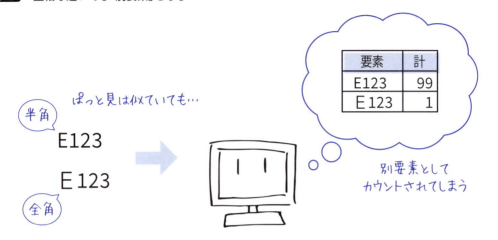

6-2-2 インポート用のマクロを作ろう

インポートのマクロは少々複雑なので、ここではまず必要なすべてのアクションを作成して動作確認した後、6-3（153ページ）、6-4（159ページ）にて作成したマクロの詳しい解説を行っていきます。

まずは「F_メニュー」フォームに、インポート用の「bt_Excelデータをインポート」という名前のボタンを1つ追加します（図16）。

図16 ボタンを追加

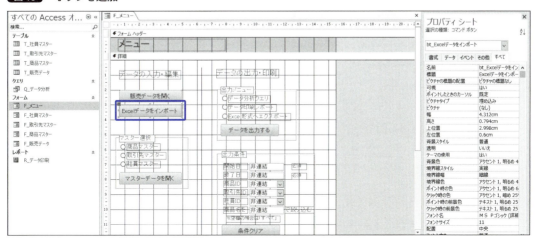

「T_販売データ」テーブルに関するボタンが2つ並ぶことになるので、図17のようにラベルと四角形を使ってまとめてしまってもよいでしょう。

図17 装飾を追加

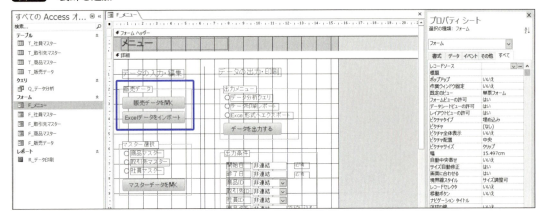

「bt_Excelデータをインポート」ボタンを右クリック（図18）して「イベントのビルド」、「マクロビルダー」と進み、マクロツールを起動します。

図18 マクロツールの起動

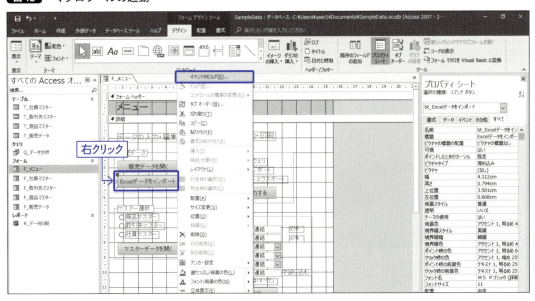

なお、すでにマクロの設定がされているほかのボタンをコピー＆ペーストして作成した場合、「マクロビルダー」の選択画面は表示されずにマクロツールが起動します。コピーされた設定済みのアク

6-2 Excelデータをインポートしよう

ションはいったんすべて削除してください。

それでは上から順番にアクションを設定していきましょう。まずは「マクロコマンド」の「エラー時」をドラッグし、それぞれ引数を図19のように設定します。

図19　「エラー時」アクションの追加

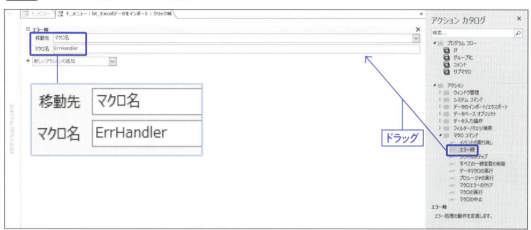

次に「マクロコマンド」の「ローカル変数の設定」をドラッグして、それぞれ引数を図20のように設定します。文字列の意味は**6-3**（153ページ）で詳しく解説しますので、間違えないように入力してください。1文字でも違うとエラーになります。

図20　「ローカル変数の設定」アクションの追加

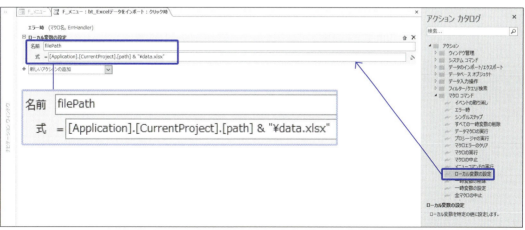

次に「プログラムフロー」から「If」構文を挿入します。このIfブロックの条件は図21のように設定します。次にIfブロック内のアクションに「マクロコマンド」の「マクロの中止」を追加します。

CHAPTER 6 Excelとデータをやりとりしよう

図21 Ifブロックの追加

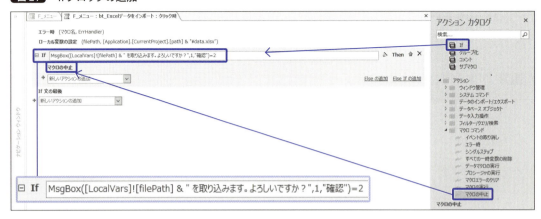

次に、このマクロのメインのアクションを「データのインポート/エクスポート」から追加するのですが、最初は選択肢に現れていません。2-2-2(29ページ)で解説しましたが、安全性の低いアクションは除外されているためです。リボンの「すべてのアクションを表示」をオン(グレーの状態)にすることで表示されます(図22)。

図22 「すべてのアクションの表示」をオン

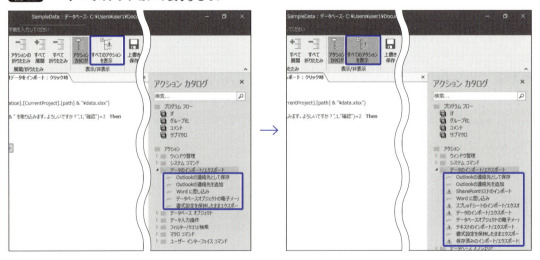

この中から「スプレッドシートのインポート/エクスポート」を「If文の最後」のあとにドラッグし、図23のように引数を設定します。

「ファイル名」引数は、変数(6-3 153ページで解説)という特殊な内容を設定したいので、102ページと同じく「入れる(代入演算子)」という意味の「=」を組み合わせて指定します。

6-2 Excelデータをインポートしよう

図23 「スプレッドシートのインポート/エクスポート」アクションを追加

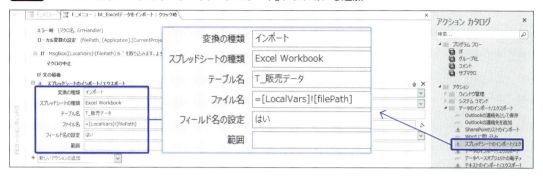

次に、「ユーザーインターフェイスコマンド」から「メッセージボックス」を挿入し、**図24**のように引数を設定します。

図24 「メッセージボックス」アクションの追加

最後に「プログラムフロー」から「サブマクロ」を挿入します。「If」や「グループ化」と同じく、ブロックが作成されるので、「ErrHandler」という名前を付けておきます(**図25**)。

図25 「サブマクロ」の追加

サブマクロのブロック内に「メッセージボックス」を挿入し、図26のように引数を設定します。

図26 「メッセージボックス」アクションを追加

これで終了です。上書き保存してマクロツールを閉じます。

6-2-3 実行して動作確認しよう

6-2-2（145ページ）で作成したマクロは、現在開いているSampleData.accdbと同じフォルダーにあるdata.xlsxというExcelファイルをインポートするものです。該当のファイルはCD-ROMの**CHAPTER 6**フォルダーのBefore/Afterフォルダーのいずれかに格納されています（どちらも同じものです）ので、必ずSampleData.accdbと同じフォルダーに存在するか確認（図27）してから実行してください。

図27 インポート用のファイルの場所を確認

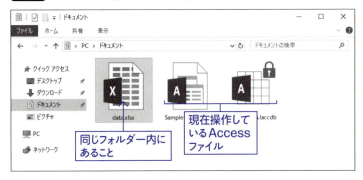

「F_メニュー」をフォームビューに切り替えて「Excelデータをインポート」ボタンをクリックすると、実行前確認のメッセージボックスが表示されます（図28）。表示される文字列はお使いのPCによっ

6-2 Excelデータをインポートしよう

て異なります。

図28 マクロを実行

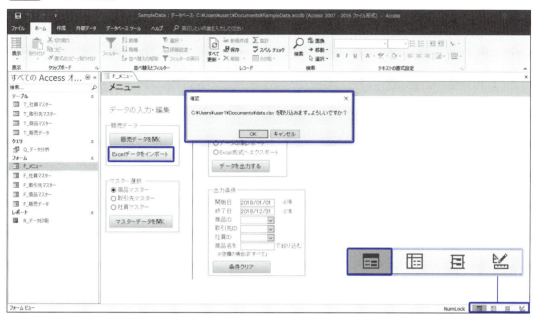

「OK」をクリックして進み、正常にインポートが実行されれば、確認メッセージが表示されます（図29）。

図29 終了メッセージ

CHAPTER 6　Excelとデータをやりとりしよう

「T_販売データ」テーブルを確認すると、Excelのシートにあった内容（144ページ　図14）が追加されています（図30）。

図30　テーブルを確認

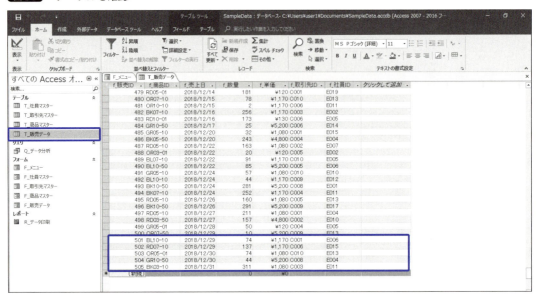

なお、ファイルが存在しなかったり、データに不備があったりする場合、エラーメッセージが表示され、インポート作業を中止します（図31）。

図31　エラーが起きた場合

CHAPTER 6

6-3 変数の使い方を学ぼう

それでは、6-2（143ページ）で作成したマクロが具体的にどのように動いているか確認していきましょう。ここでは「ローカル変数の設定」と「スプレッドシートのインポート/エクスポート」アクションを中心に解説していきます。

6-3-1 変数について知ろう

作成したマクロは図32のようになっていますが、このマクロで一番重要な部分は「スプレッドシートのインポート/エクスポート」です。インポートするファイルに確実に不備がなく、ファイルの指定を間違わなければ、マクロの内容はこのアクションだけで足りてしまうのです。

図32 メインのアクション

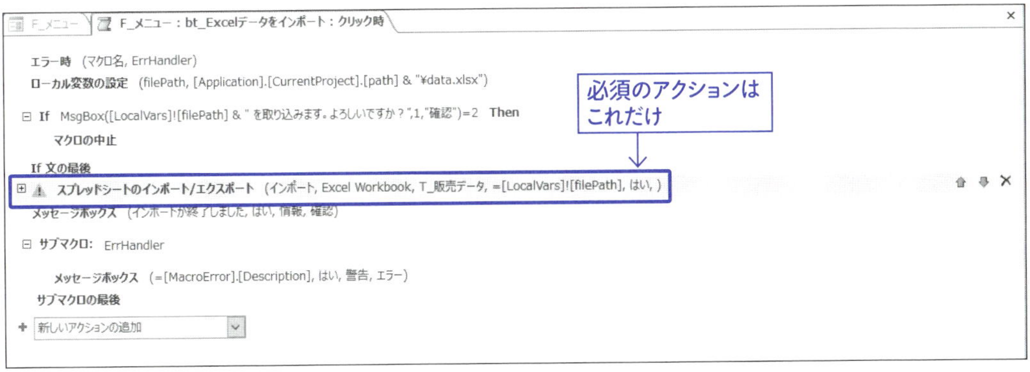

しかし、インポートはさまざまな要因で「想定外」の事態が起こることも多いため、それを回避するために、ほかのアクションを組み合わせる必要がでてきます。

たとえば「スプレッドシートのインポート/エクスポート」アクションは、単体で使うならば「ファイル名」引数には「C:¥Users¥user1¥Documents」のようなパス（ファイルの場所）とファイル名を組み合わせた文字列を指定すれば実行できます（図33）。

図33 ファイル名を直接入力した場合

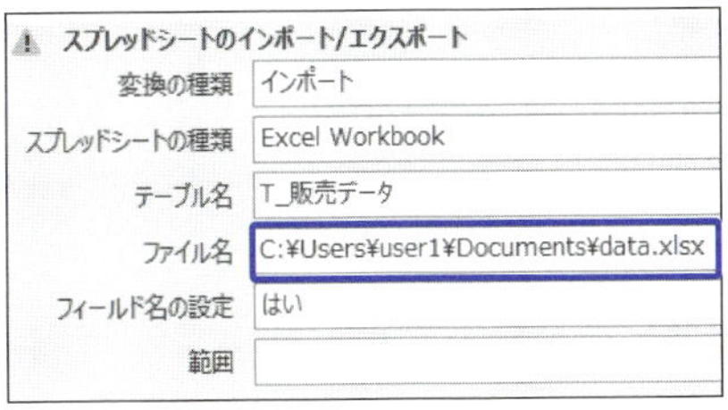

文字列で指定してしまえばアクションとしてはかんたんに済むのですが、パスには「C:¥Users¥ユーザー名¥～」のようにそのPC固有の文字列が含まれることが多く、**いつでもどのPCでも必ずこの文字列**だと断定することができません。たった1文字違うだけでも「指定のファイルが見つかりません」というエラーになってしまうのです（図34）。

図34 直接指定はマクロの柔軟性が低い

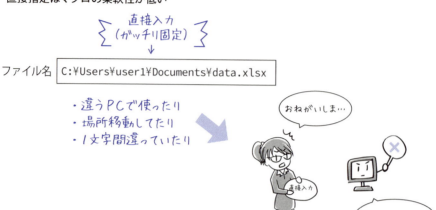

さらに、本書の付属CD-ROMの内容はご自身のPCへコピーして使っていただいているはずですが、そのコピーした場所も、人によってそれぞれ違うはずなので、パスは必ず同じにはなりません。

このような**状況によって変化するモノ**を扱いたいとき、**変数**を使うと柔軟に対応することができます。**変数とは名札の付いた箱**のようなイメージで、変化する値を一時的に入れておくことができて、また、その値を利用することができるのです（図35）。

図35 変数を使うとマクロの柔軟性が高くなる

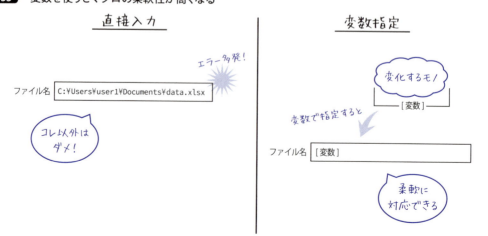

6-3-2 変数を設定しよう

作成したマクロの「ローカル変数の設定」アクションを見てみましょう。変数は箱と中身のセットになっていて、名前が箱を識別する名称、式の答えが箱の中に入ります（図36）。変数は名前を違うものにすれば、複数作成することができます。

図36 変数のイメージ

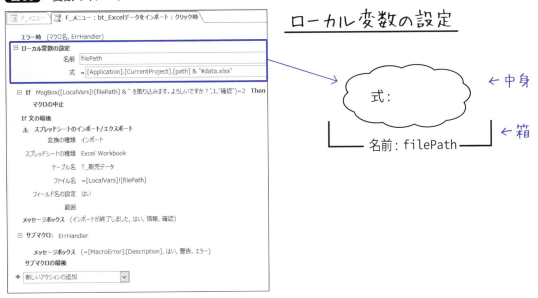

式に書かれている、「[Application].[CurrentProject].[path]」は現在操作しているAccessファイルのパスを、そのつど調べて取得してくれる命令です（図37）。この命令を実行して変数に格納することで、どのPCでも、どの場所にあっても、その環境下においてのパスを取得してくれるのです。

図37 式の前半の意味

しかし、それだけでは変数「filePath」に入るのは、このAccessファイルのパスのみです。このパスにExcelファイル名を加えないと、インポートできません。data.xlsは、CD-ROMからコピーしたまま、操作しているAccessファイルと同じフォルダー内にあるものとします。

「[Application].[CurrentProject].[path]」で取得したパスへ、このフォルダーの中のという意味の「¥」

を含めて、「"¥data.xlsx"」という文字列を「&」を使って連結します（図38）。先頭に「=」を付けた式になっている場合、数値や記号との区別を付けるため、文字列は「""（ダブルクォーテーション）」で挟みます。

図38 式の後半の意味

これで「filePath」という名前の変数には、現在操作しているAccessファイルと同じフォルダーにあるdata.xlsxのフルパスが入ることになります。

このほかにも、変数には「現在のレコードの総数」や「ユーザーによって入力された値」など、そのつど変化するものを格納すると、マクロでできることの可能性がぐっと広がります。

6-3-3 設定した変数を使おう

ローカル変数は、「[LocalVars]![変数名]」と書くことで指定できるので、「スプレッドシートのインポート/エクスポート」アクションの「ファイル名」引数で、「入れる（代入演算子）」という意味の「=」を付けて変数を指定しています（図39）。これで、異なった環境のPCでも動作するマクロになりました。

さて、「ローカル変数の設定」と「スプレッドシートのインポート/エクスポート」の2つのアクションだけでも目的の動作になるのですが、これだけでは、ボタンをクリックして正常にインポートが実行されたとしても、見た目上はなにも変化がありません。実際に「T_販売データ」テーブルを開いて中身を確認しないことには結果がわからないので、ユーザー視点で考えてみると、ちょっと不親切です。

図39 作成したローカル変数を使用する

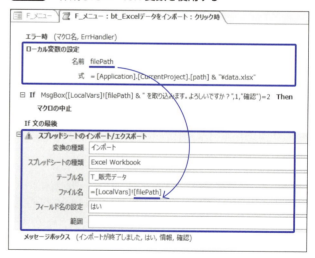

こんな場合は、インポート操作の前後にメッセージを出してあげるとよいでしょう。図40のように、

インポートのアクションのあとにかんたんな終了メッセージを出すだけでも、ユーザーの心理は違ってきます。

図40 終了メッセージ

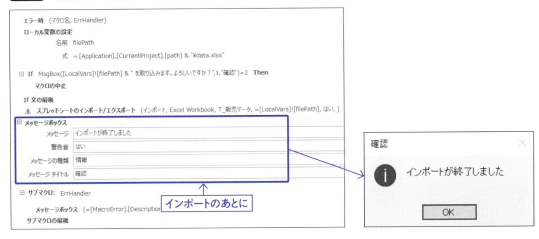

インポートの前にもメッセージを出したいのですが、ここまで扱ってきた「メッセージボックス」アクションでは、「OK」のみのボタンしか出すことができません。できれば、ここは「OK」「キャンセル」ボタンがあって、ユーザーが誤ってクリックしたときにインポートを中止する選択肢も用意したいところです。

そんな場合、If構文の条件式にメッセージボックスを使い、「どのボタンがクリックされたか」を判別することによって実現できます（**図41**）。

図41 メッセージボックスを使ったIf条件式

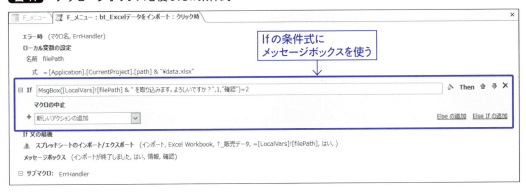

式の左辺がメッセージを作成する部分で「MsgBox("表示するメッセージ",ボタンの種類,"タイトル")」のように指定します。サンプルのようにメッセージ部分に変数を使うこともできます。

「ボタンの種類」には数値を指定しますが、表1のように多様な種類のボタンを表示できます。

そして、メッセージボックスはクリックされたボタンに応じた数値を取得することができ、これを戻り値または返り値と呼びます。表2がその一覧です。

表1 ボタンの種類の引数（一部抜粋）

値	表示されるボタン
0	「OK」のみ
1	「OK」「キャンセル」
2	「中止」「再試行」「無視」
3	「はい」「いいえ」「キャンセル」
4	「はい」「いいえ」
5	「再試行」「キャンセル」

表2 戻り値

値	クリックされたボタン
1	OK
2	キャンセル
3	中止
4	再試行
5	無視
6	はい
7	いいえ

右辺で戻り値がなんであったかを条件式にすることで、「キャンセルボタンをクリックされたら中止」という動作が実現できます（図42）。

図42 条件式としてのメッセージボックス

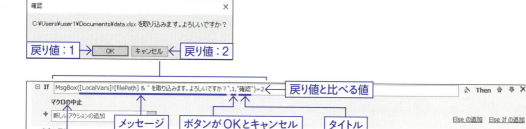

なお、ユーザーが動作を中止したい場合にクリックする場所は「キャンセル」だけではありません。「×」ボタンをクリックするユーザーも、実は多いのです。

Accessのマクロでは、「×」ボタンは「キャンセル」と同じく戻り値が「2」なので、条件式は「=2」で問題ありませんが、言語によっては戻り値が違う場合もあります。

そんなとき、「=2」の部分を「<>1」と書くと、「1（OK）以外だったら」という条件にすることができます。Accessマクロでは「等しくない」を表すときは「<>」と書きます。

こんなテクニックもあるということを覚えておくと、今後「特定の値以外はすべて」という条件を作るのに役に立つでしょう。

CHAPTER 6

6-4 エラーが起きたときの対処法を学ぼう

6-2-1(143ページ)で説明したように、インポートという操作は非常に制約が多くエラーが起こりがちです。そのための対策もマクロで設定しておきましょう。

6-4-1 エラー処理について知ろう

たとえば、同じフォルダーにdata.xlsxが存在しなかったり、ファイル名が違っていたりしたとします。マクロがエラー処理をしていない図43の状態だったとして、実行してみましょう。

図43 エラー処理のない状態

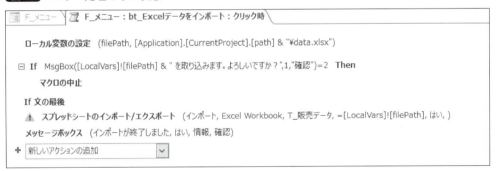

すると、Accessからのメッセージ（図44）が表示され、続けて、どのマクロのどのアクションでどんなエラーが出ているのかという詳細（図45）が表示されます。

図44 Accessからのメッセージ

このときマクロは中断している状態で、表示されるメッセージは開発者向けの情報です。
エラーが発生した場合、ユーザーに対して必要以上の情報の表示は不安をあおりますし、中断し

ているマクロの終了をユーザーに行わせ
るのも望ましくありません。運用時のマ
クロではエラーが発生しても中断せず、
適切に終了させるのがよいでしょう。

単純なマクロには必須ではありません
が、今回のインポート操作のような外部
要因などでエラーが予想される複雑なマ
クロには、「エラー発生時にはどのような
動きをさせるか」を設計する**エラー処理**
という考え方も必要です。

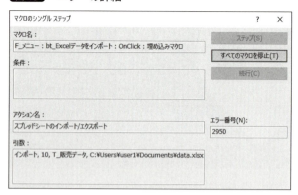

図45 エラーの詳細

6-4-2 エラー時の動きを理解しよう

エラー処理に必要なのが、「エラー時」というアクションです（図46）。「エラー時」アクションは、**これより先、エラー発生時にはこの設定を適用します**という宣言です。サンプルの例では先頭に設定してあるので、**このマクロ全体にこのエラー処理を適用します**という意味になります。

図46 「エラー時」アクション

図46では、「エラー時」アクションの引数「移動先」が「マクロ名」になっていますが、ほかに「次」と「失敗」を選ぶこともできます。「次」を選択した場合、エラーが起きたアクションを無視して次のアクションへ進みます。「失敗」の場合は、エラー処理しないときと同じくマクロを中断して、開発者向けメッセージが表示されます（図47）。

図47　「エラー時」アクションの引数「次」と「失敗」の違い

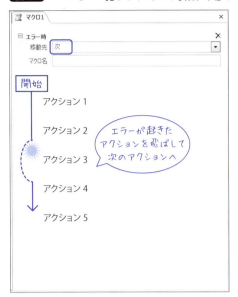
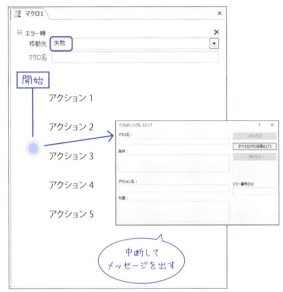

「エラー時」アクションは、「これより先この設定を適用します」という宣言なので、複数使うことで設定を上書きすることができます。図48のように設定すると、場所によってエラー時の動作を変えることができるのです。

図48　「エラー時」アクションの上書き

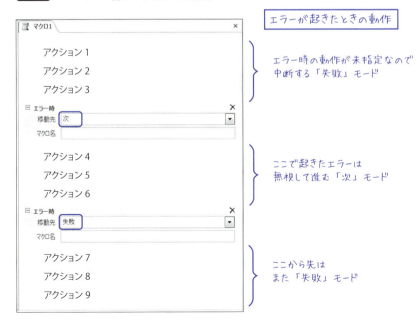

そして、「移動先」引数が「マクロ名」だった場合、6-2-2（149ページ）で解説した「サブマクロ」とセットで使います。この場合、エラーが発生すると指定のサブマクロにジャンプ（処理が移動）し、サブマクロ内のアクションを実行したのちマクロを終了するため、マクロの中断が起こりません。エラーが起きなかった場合は、サブマクロは実行されずに終了します（図49）。

図49　「エラー時」アクションと「サブマクロ」を連携

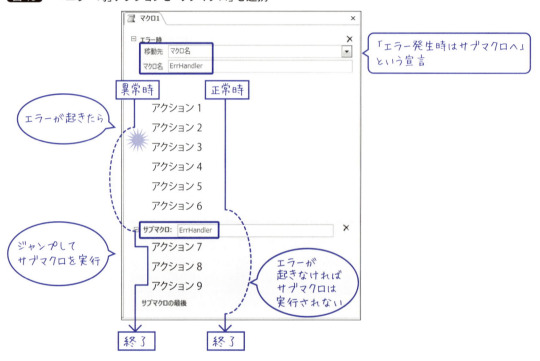

6-4-3 作ったマクロを理解しよう

作成したマクロでは、冒頭で「エラーが起きたらサブマクロ ErrHandler へジャンプします」という宣言がなされています。エラーが起きた場合はジャンプするので、インポートが実行された場合にしか「終了しました」のメッセージボックスは表示されません（図50）。

図50　正常時と異常時の動きの違い

なお、「エラー時」アクションの「移動先」引数が「次へ」もしくは「マクロ名」だった場合、自分で設定しなければエラーメッセージは出力されません。エラーの詳細な内容はユーザーには必要ありませんが、エラーが起きたこと、そのエラーの概要などは表示したほうが親切なので、サブマクロ内にはエラーの概要をメッセージボックスで表示するアクションを設定しておくとよいでしょう（図51）。

図51　サブマクロでエラーの概要を表示する

CHAPTER 6　Excelとデータをやりとりしよう

　以上のエラー処理の設定により、正常時では終了メッセージ、異常時ではエラーメッセージを表示して、いずれもマクロが終了する、という動きを作ることができました（図52）。

図52 表示されるメッセージボックスの違い

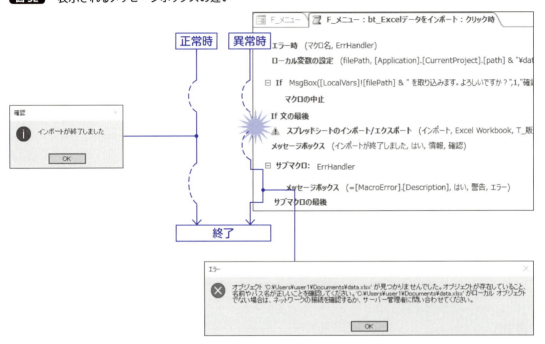

マクロをもっと使いこなそう

CHAPTER 7

7-1 ユーザーの入力した値を使おう

CHAPTER 6（136ページ）で、ローカル変数にパスと指定のファイル名を組み合わせる方法を紹介しました。ここでは、さらにテキストボックスを使って、ユーザーが入力した値を変数に組み込んでみましょう。

7-1-1 変数にテキストボックスの値を利用しよう

　CHAPTER 6で作成したインポートのマクロでは、「現在のパス」と「data.xlsx」という固定のファイル名を組み合わせたローカル変数を作りました。

　しかし実用性を考えてみると、インポートするExcelのファイル名が毎回必ず「data.xlsx」かは少々疑問です。ファイル名が変わるということは、同じフォルダーに複数のExcelファイルが存在することも容易に考えられますし、そうするとフォルダー内は雑多になるかもしれません。

　「現在のパス」は便利なのでそのまま使うとしても、たとえばそこへ「import」などのフォルダーを作り、その中へ複数のExcelファイルが格納されて、テキストボックスでファイル名を直接入力して指定する、という方法はどうでしょうか（図1）。

図1 同じパスの中にフォルダーを設置する

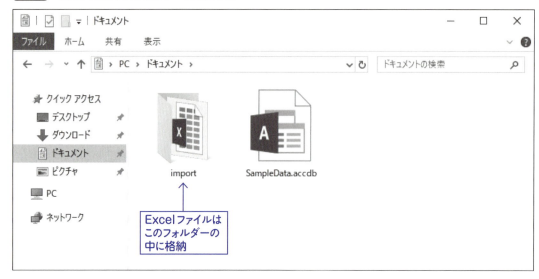

この場合、ローカル変数に入れるのは、「現在のパス＋importフォルダー＋テキストボックスの値＋.xlsx」の形となります。

7-1-2　マクロを作ろう

解説のため、実際のインポート処理は行わず、パスとファイル名を組み合わせたローカル変数を、メッセージボックスで表示するというかんたんなマクロを作ってみましょう。

CD-ROMの**CHAPTER 7**→SECTION1→BeforeフォルダーにあるSampleData.accdbを開いてみてください。「tx_ファイル名」という名前のテキストボックスがあり、ユーザーによって自由に名前を入力できます（図2）。

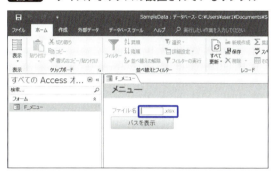

図2　テキストボックスの設置されているサンプル

このテキストボックスの値を使って、「現在のパス＋importフォルダー＋テキストボックスの値＋.xlsx」という形の文字列を組み合わせたローカル変数を作ってみましょう。

まずはデザインビューにて「bt_パスを表示」ボタンを右クリック（図3）、「イベントのビルド」→「マクロビルダー」と進んで、マクロツールを起動します。

図3　マクロツールの起動

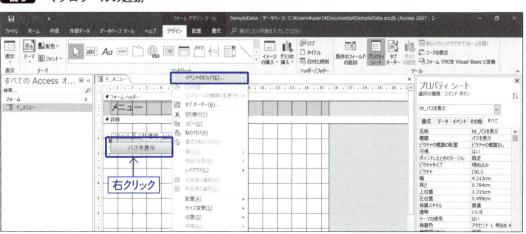

詳しい解説は**7-1-3**（169ページ）で行うとして、ここへアクションを次のように設定していきます。まずはIf構文を挿入し、条件を**図4**のようにします。

図4 If構文と条件式

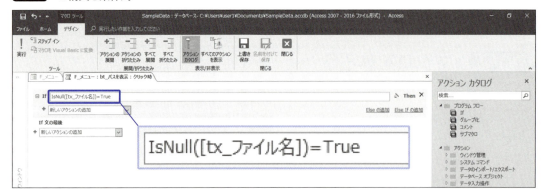

Ifブロックの中には「メッセージボックス」「マクロの中止」アクションをそれぞれ設定します（図5）。

図5 ブロック内のアクションの設定

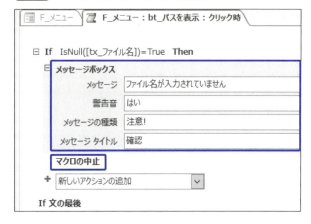

Ifブロックの下に、「ローカル変数の設定」アクションを挿入して、図6のように設定します。「tx_ファイル名」以外の文字や記号は、スペースも含めて必ず半角で統一してください。

図6 「ローカル変数の設定」アクションの設定

最後に「メッセージボックス」アクションを挿入して、図7のように設定します。

7-1 ユーザーの入力した値を使おう

図7 「メッセージボックス」アクションの設定

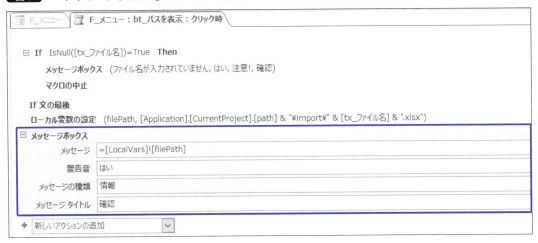

入力後、上書き保存してマクロビルダーを閉じます。

7-1-3 作ったマクロを理解しよう

フォームビューに切り替え、まずはなにも入力しない状態でボタンをクリックしてみましょう。マクロの冒頭のIfブロックの条件に合致するので、メッセージが表示されマクロが中止します（**図8**）。

図8 未入力時の動作確認

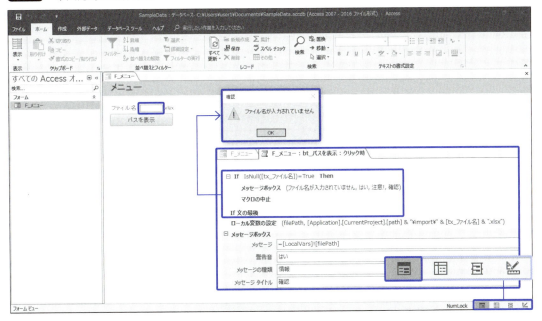

では今度はテキストボックスに「data」など任意の文字列を入力してボタンをクリックします。「現在のパス」+「import」+「テキストボックスの値」+「.xlsx」という文字列が「&」で結合され、メッセージボックスに表示されます(図9)。

図9 入力時の動作確認

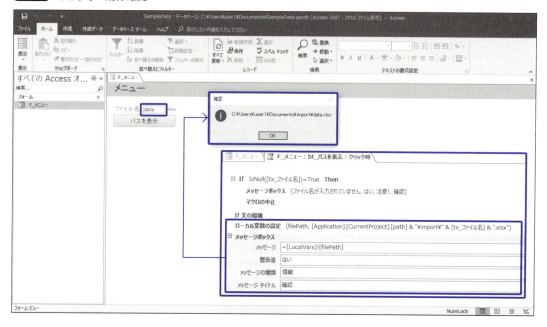

なお、これと同じ内容を6章のサンプルに組み込んだものが、CD-ROMの**CHAPTER 7**→SECTION1→AfterフォルダーのSampleData2.accdbファイルです。

このファイルでは、「bt_Excelデータをインポート」ボタンをクリックすると、「現在のパス」+「import」+「tx_ファイル名(テキストボックス)の値」+「.xlsx」をインポートします。

「tx_ファイル名」テキストボックスに入力された値がExcelのファイル名になるので、ユーザーがそのつど、任意のファイル名を指定してインポートすることができます。

ちなみに、Excelのファイル名がYYMMDD形式(2018年8月1日なら180801)というルールで毎日作成され、それを毎日インポートする、にはどうしたらよいでしょうか。

もちろん直接入力してもよいのですが、このように一定のルールに基づいている場合、既定値を使うと便利になることがあります。

サンプルの「tx_ファイル名」テキストボックスでは、既定値に「=Format(Date(),"yymmdd")」と記述してあり、開くたびにその日の日付がYYMMDD形式でテキストボックスに入るようになっているので、毎日の直接入力の手間やミスを軽減できます(図10)。

図10 「既定値」を利用した例

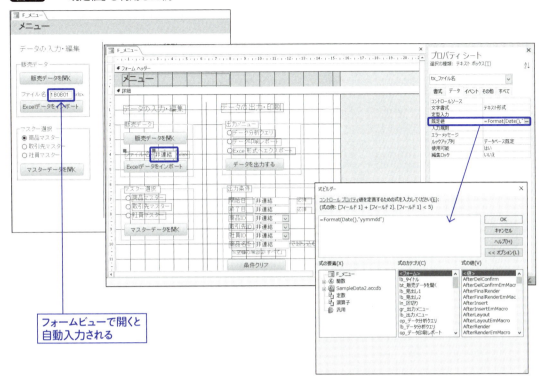

　このマクロを使う場合、同フォルダー内の「import」フォルダー内にある「yymmdd.xlsx」を、対応する名前に変更してからインポートを試してみてください。

CHAPTER 7

7-2 繰り返し処理を使ってみよう

言語を問わず、プログラミングでは「条件分岐」と「繰り返し」という動作が登場します。Accessマクロも例外ではなく、ここまでIf構文を使った「条件分岐」を学んできましたが、ここでは「繰り返し」処理を学びましょう。

7-2-1 繰り返し処理を理解しよう

アクションカタログの「マクロコマンド」内の「マクロの実行」というアクションを使うと、保存済の「名前付きマクロ」(3-3-4　60ページ)を、別のマクロから呼び出して実行することができます(図11)。

図11　「マクロの実行」アクション

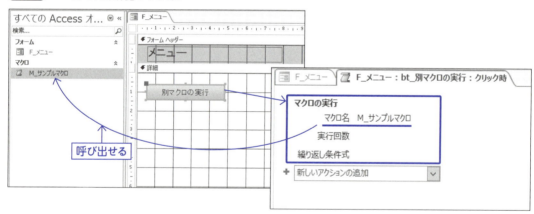

引数「マクロ名」で実行するマクロを指定し、実行回数もしくは繰り返し条件式のいずれかの引数で繰り返しの設定を行います。両方空白にしておくと、1回だけ呼び出して実行する、という意味になります。

引数「実行回数」は、指定のマクロを繰り返す具体的な回数を指定します。対して引数「繰り返し条件式」は、If構文の条件のようにその条件が満たされている場合のみ繰り返すので、数値が指定されている場合よりも柔軟な、たとえば状態などの判定でも繰り返しを行うことができます。

7-2-2 決まった回数を繰り返そう

「実行回数」引数を使ったサンプルを見てみましょう。CD-ROMの **CHAPTER 7** → SECTION2 → Afterフォルダーに入っているSampleData1.accdbを開いてみてください。

「M_繰り返しサンプル」という名前付きマクロが保存されていて、内容は「メッセージボックス」アクションが1つあるだけのかんたんなものです（図12）。

図12 名前付きマクロの内容確認

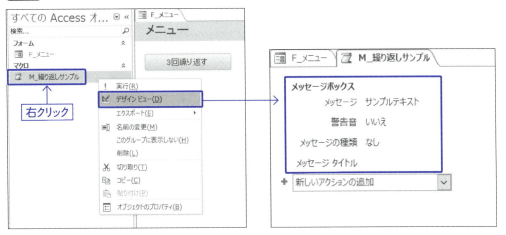

「F_メニュー」フォームにボタンが1つあり、このボタンから「M_繰り返しサンプル」マクロを呼び出すアクションが書いてあります。右クリックから「イベントのビルド」をクリックし、「マクロツール」を開いてみてください（図13）。

図13 ボタンのマクロツールを起動

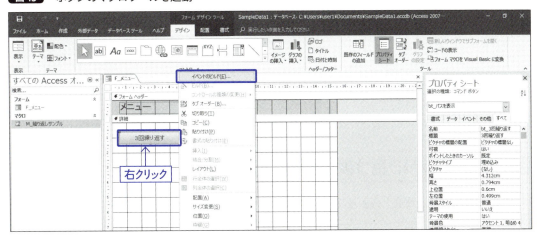

「マクロの実行」アクションには、「実行回数」引数に「3」と指定されているので、「M_繰り返しサンプル」マクロを3回繰り返す、という命令になっています（図14）。

図14 ボタンのマクロの内容確認

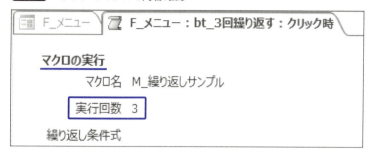

マクロツールを閉じて、フォームビューに切り替えボタンをクリックしてみましょう。図15のようなメッセージボックスが開き、「OK」をクリックして閉じると、それが3回繰り返され、終了します。

図15 動作確認

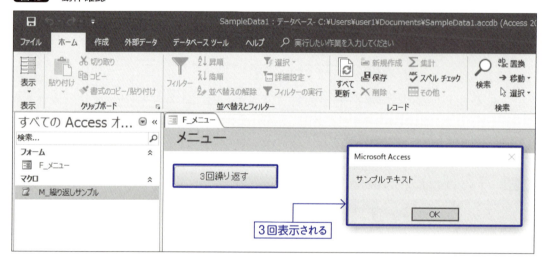

ここには式の入力もできるので、たとえば5-4-2（123ページ）で出てきたDCount関数などを使えば、「指定のテーブル（クエリ）のレコードの数」だけ繰り返す、ということも可能です。

7-2-3 条件に合う間繰り返そう

今度は「繰り返し条件式」引数を使ったサンプルを見てみましょう。CD-ROMの**CHAPTER 7**→SECTION2→Afterフォルダーに入っているSampleData2.accdbを開いてみてください。

同じように「F_メニュー」フォームにボタンが1つあるので、マクロツールを開きます（図16）。

図16 ボタンのマクロツールを起動

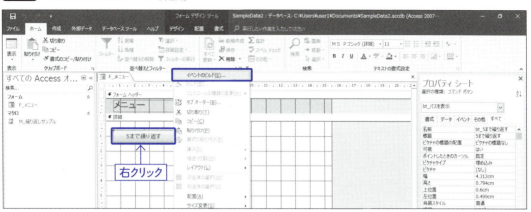

さきほどと同じく「マクロの実行」アクションがありますが、このサンプルでは「繰り返し条件式」に、「一時変数」を使用しています（図17）。「一時変数」は**CHAPTER 6**（136ページ）で使った「ローカル変数」に似ていて、「[TempVars]![変数名]」と書いて使用します。

図17 繰り返し条件式を使ったマクロのサンプル

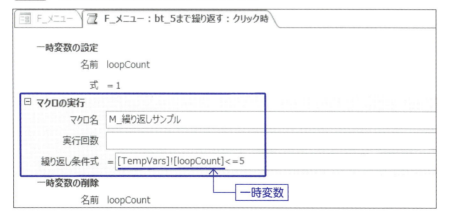

6-3（153ページ）で、**変数とは変化するモノを一時的に入れておく名札の付いた箱**のようなイメージと説明しましたが、そこには**ローカル変数**と**一時変数**という種類があります。この違いは、使用できる**範囲**です。

CHAPTER 6で使ったローカル変数は、設定した1つのマクロの中でしか使うことができません。マクロが終了したとき、設定されたローカル変数は自動的に削除されます。

一時変数は、そんなマクロの枠を飛び越えて使える変数です。今回のように、フォーム上のボタ

ンのイベントマクロから別のマクロを呼び出すというときなどに、どこのマクロでも使うことができるのです。ただし、こちらはマクロが終了しても自動的に削除されないので、誤動作や思わぬ不具合を予防するために、使い終わったら「一時変数の削除」というアクションで削除します（図18）。

図18 ローカル変数と一時変数

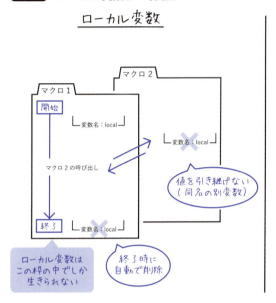
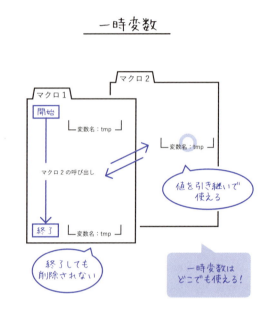

それをふまえてもう一度、ボタンのイベントマクロを見てみましょう。「マクロの実行」アクションの前で「一時変数の設定」を行い、終了する直前で「一時変数の削除」を行っています（図19）。

図19 一時変数の設定と削除

次に、このマクロの流れを追ってみましょう。ボタンのクリックイベントが起動すると、まず「loopCount」という一時変数に「1」が入った状態で「マクロの実行」アクションへたどり着きます。繰り返し条件は「loopCount」の値が「<=5」（5以下）の場合なので、現在は「1」のため条件が満たされ、「M_繰り返しサンプル」マクロを呼び出します（図20）。

図20 マクロの流れ

呼び出された「M_繰り返しサンプル」マクロが実行されます（図21）。まずは「メッセージボックス」アクションで、現在の「loopCount」の値である「1」と書かれたメッセージボックスが表示されます。ここが、別のマクロで設定した値を使える「一時変数」ならではの部分です。

図21 呼び出されたマクロの流れ

次のアクションでは、再度「一時変数の設定」アクションを使って、「loopCount」の値に「+1」しています。現在「1」だったので、この部分が実行されると「1+1」で「loopCount」変数の中身は「2」に変化します（図22）。

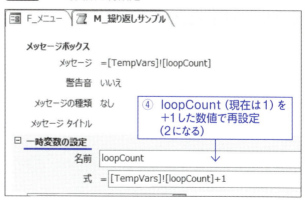

図22 一時変数を再設定

「M_繰り返しサンプル」マクロがいったん終了すると、実行元マクロの同じ位置に戻ってきて、再度繰り返し条件と比べます。条件は「loopCount」の値が「<=5」で、現在は「2」のため条件が満たされ、再び「M_繰り返しサンプル」マクロを呼び出します（図23）。

こんな要領で、一時変数「loopCount」は「M_繰り返しサンプル」マクロを1回実行するたびに、数値が「+1」されていき、繰り返し条件の「5」を超えたときに次のアクションへ移り、マクロが終了します（図24）。このような流れで繰り返しが行われます。

図23 再度繰り返し条件と比べる

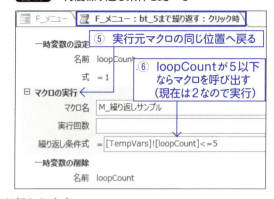

図24 全体の流れ

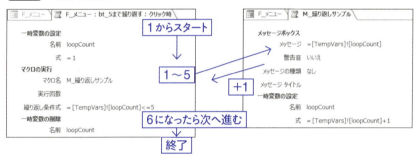

なお、「繰り返し条件式」を使って繰り返す場合は、無限ループに陥らないようくれぐれもご注意ください。たとえばさきほどのマクロの場合、繰り返し条件の変数名と「+1」する変数名が少しでも違っていたら、それは2つの違う変数になってしまうので、何百回、何万回と繰り返しても条件が合わずに、無限に繰り返すことになってしまいます（図25）。

図25 無限ループに注意

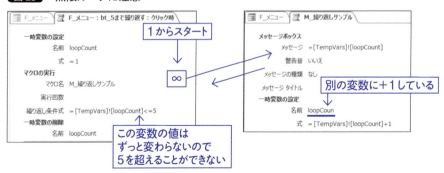

CHAPTER 7

7-3 コンボボックスの値を絞り込もう

マスターデータの選択肢が多い場合、カテゴリーで絞り込むことがあると思います。コンボボックスを2つ使って、片方の選択肢を絞り込むマクロを作ってみましょう。

7-3-1 作成する機能の仕組みを理解しよう

　CD-ROMの**CHAPTER 7**→SECTION3→Beforeフォルダー内のSampleData.accdbを開いてみてください。ここには2つのテーブルがあり、5つの営業所の情報と、それぞれ営業所のIDが割り振られた20名の社員情報が格納されています（図26）。

図26 カテゴリー分けされた情報を持つ2つのテーブル

　そして、「F_メニュー」フォームには、2つのテーブルを元に**4-3-1**（88ページ）と同じ要領で作成されたコンボボックスが設置してあります。この2つのコンボボックスに対して、「cb_営業所ID」を変更したときに、そのIDを持つ社員だけで「cb_社員ID」の内容が絞られるようにしてみましょう（図27）。

CHAPTER 7　マクロをもっと使いこなそう

図27　絞り込みの構想

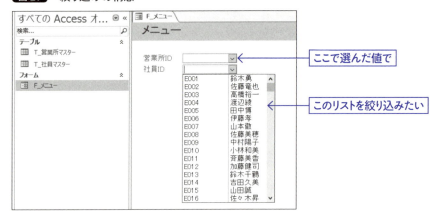

　この機能を加えるには、2段階の設定を行います。絞り込み自体は「cb_社員ID」コンボボックスの選択肢を構成するクエリで設定できるのですが、フォームの仕様上、初めてフォーカスが移ったときに選択肢が確定してしまい、そのあとの変更が効きません。

　そのため、「cb_営業所ID」が変更されたときに「cb_社員ID」を更新する、というマクロを設定することにより、営業所IDを変更するたびに社員IDの選択肢も変化する、という動きを作ることができます（**図28**）。

図28　クエリとマクロを組み合わせる

7-3-2　絞り込みのクエリを作ろう

　「F_メニュー」フォームをデザインビューで表示し、「cb_社員ID」コンボボックスを選択し、プロパティシートの「データ」タブより、「値集合ソース」の「…」ボタンをクリックします（**図29**）。

図29 「集合知ソース」のクエリツールを起動

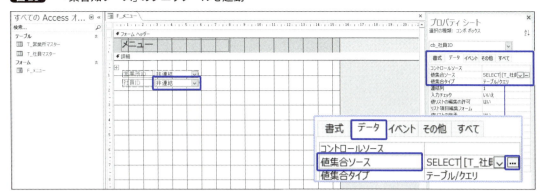

すると、このコンボボックスの選択肢を構成しているクエリツールが開きます。現時点ではテーブルにある社員IDすべてが表示されるようになっているので、ここへ条件を追加しましょう。「f_営業所ID」をダブルクリックまたはドラッグすると項目が追加されます。このフィールドは選択肢に表示したいわけではなく、「条件」として使いたいだけなので、「表示」のチェックをオフにしておきます（図30）。

図30 抽出条件用のフィールドを追加

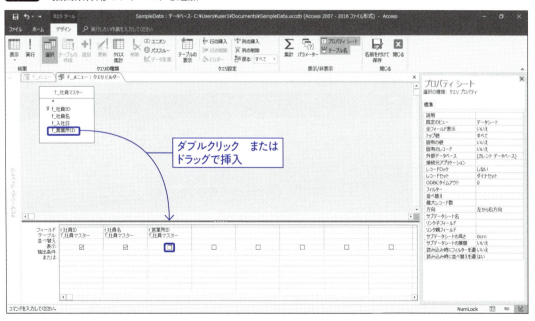

「抽出条件」を選択してビルダーを起動し、「cb_営業所ID」をダブルクリックで挿入します（図31）。

図31 抽出条件を設定

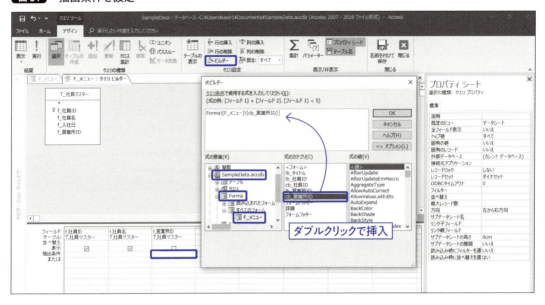

　以上で、クイックアクセスツールバーの保存ボタンで上書き保存し、「閉じる」ボタンでクエリデザインを閉じます（図32）。「名前を付けて保存」ボタンは、コンボボックスに対する「埋め込みクエリ」を「名前付きクエリ」オブジェクトとして保存する意味となり、違う形態になってしまうので注意してください。クエリにもマクロと同じように「埋め込み」「名前付き」が存在します。

図32 上書き保存してクエリツールを閉じる

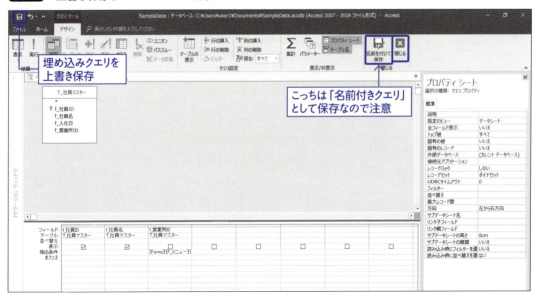

7-3-3 マクロでコンボボックスを更新しよう

7-3-2(180ページ)のクエリの設定により、「絞り込み」の機能ができました。しかし7-3-1(179ページ)で説明したとおり、これだけだと1回しか絞り込みが効かないので、「cb_営業所ID」が変更されたときに「cb_社員ID」を更新する、というマクロを設定します。

「cb_営業所ID」を選択し、プロパティシートの「イベント」タブにて「変更時」の「…」ボタンをクリックして「マクロビルダー」と進み、イベントマクロを作成します(図33)。

図33 「変更時」のイベントマクロを作成

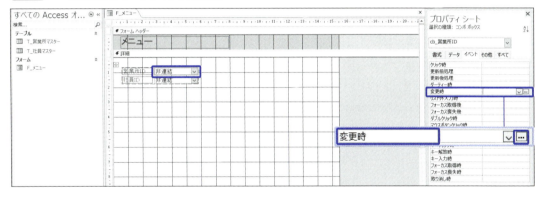

設定するアクションは、アクションカタログの「フィルター/クエリ/検索」内の「再クエリ」です。このアクションをドラッグして、「コントロール名」引数で、更新したいコントロールである「cb_社員ID」と指定します(図34)。

図34 「再クエリ」アクションを設定

さらに、「cb_営業所ID」が変更されたときに「cb_社員ID」に以前の値が残っていると、差異が発生してしまうので、「データベースオブジェクト」の「プロパティの設定」を使って、「cb_社員ID」の値をクリアするアクションも入れておきましょう（図35）。

図35 値をいったんクリアするアクションも追加

上書き保存してマクロビルダーを閉じて、「F_メニュー」をフォームビューで確認すると、「cb_営業所ID」が変更されるたびに「cb_社員ID」はクリアされ、選択肢が変化するようになりました（図36）。

図36 「営業所ID」が変更されるたび「社員ID」リストが変化

なお、このままだと「cb_営業所ID」が未選択だった場合は「cb_社員ID」は空っぽになるので、「フォーカス取得時」イベントマクロ（図37）を利用して、図38のようなマクロを設定します。

7-3 コンボボックスの値を絞り込もう

図37　「フォーカス取得時」のイベントマクロを作成

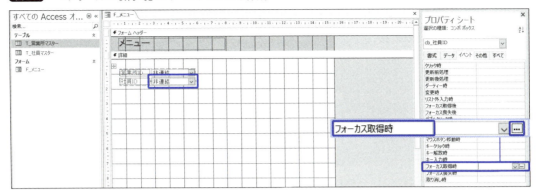

図38　フォーカス取得時のマクロの内容

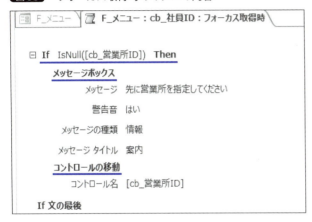

　図38のマクロを設定すると、「cb_社員ID」にフォーカスが移った際、「cb_営業所ID」が空ならばメッセージを表示してフォーカスを「cb_営業所ID」に移動する、ということができます（図39）。

図39　動作の流れ

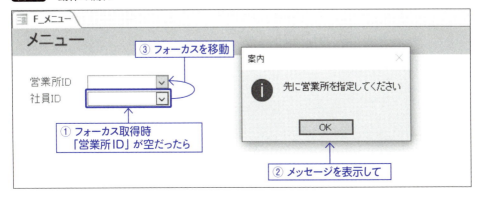

185

CHAPTER 7

7-4 マクロをコピーしよう

別のマクロで既存のアクションと似たような動作をさせたいというとき、いちから設定するのは面倒ですよね。アクションはコピーすることもできるので、上手に活用していきましょう。

7-4-1 似た動作のアクションはコピーして改変しよう

　アクションは、右クリックで「切り取り」、「コピー」、「貼り付け」を選ぶことができます（図40）。切り取りは「Ctrl+X」、コピーは「Ctrl+C」、貼り付けは「Ctrl+V」といったショートカットキーも使用可能です。設定した引数もコピーできるので、似た動作の場合にはコピーとペーストを活用すると時間短縮になります。

　また、アクションはShiftまたはCtrlキーを押しながらクリックすることで複数選択ができます。「Ctrl+A」でマクロウィンドウ内のアクションを「すべて選択」することも可能です。

図40　アクションはコピー＆ペーストできる

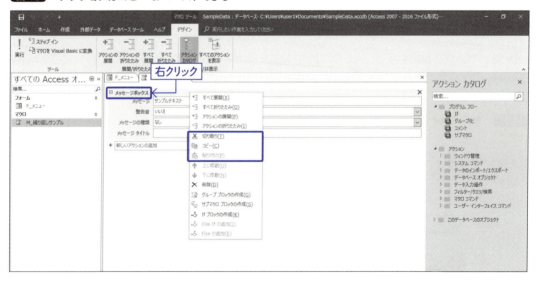

7-4-2 既存マクロをまるごとコピーしよう

1つのマクロをまるごと別のマクロへコピーしたい場合にはかんたんな方法があります。

マクロツールでは、すでに既存のマクロが登録してある場合、アクションカタログに「このデータベースのオブジェクト」というフォルダーが表示され、このAccessファイルに保存されているマクロの一覧を見ることができます（図41）。

図41 保存されているマクロの一覧

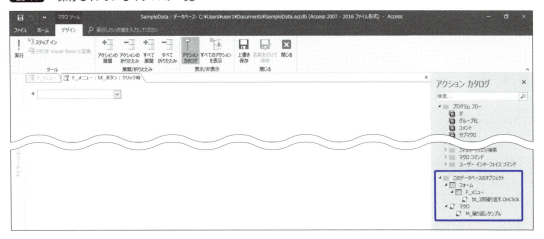

一覧の中から任意のマクロを選び、右クリックから「マクロのコピーを追加」またはダブルクリックすることで、現在開いているマクロツールの中に、内容をコピーすることができます（図42）。

図42 マクロのコピー

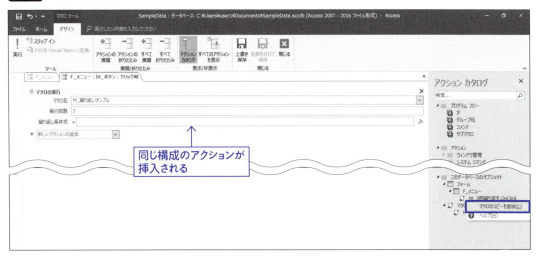

CHAPTER 7

7-5 データマクロを使ってみよう

ここまで学んできたマクロは、主にフォーム上のコントロールのイベントを利用して起動するものでしたが、このほかにもテーブルのデータに依存する「データマクロ」というマクロがあります。

7-5-1 マクロの違いを理解しよう

　Access 2010から、テーブルに関連付けられるデータマクロという機能が追加されました。テーブルに関連した名前付きマクロや、テーブル上でのデータの追加、更新、削除などをきっかけとして起動するイベント駆動型マクロを作成することができます。
　これに対して、ここまで学んできた、フォームやレポート、テキストボックスやコマンドボタンなどのUI（ユーザーインターフェース）オブジェクトに添付されるマクロのことをUIマクロと呼びます（図43）。

図43 UIマクロとデータマクロ

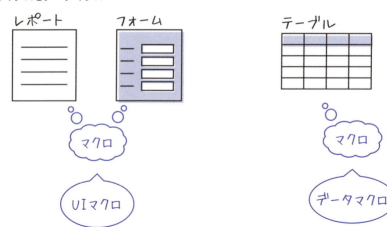

　データマクロを使うことにより、テーブルのデザインビューでの入力規則よりも柔軟な機能を持たせることができます。また、1つのテーブルに対して多数のフォームで処理をする場合、データチェックなどの機能にデータマクロを使えば、それぞれのフォームにその機能を持たせる必要がない

などのメリットがあります。

7-5-2 データマクロを作ろう

CD-ROMの **CHAPTER 7**→SECTION5→Beforeフォルダーに入っているSampleData.accdbを開いてみてください。これは **CHAPTER 6** まで使ったファイル構造のテーブルのみが格納されています。この中の「T_販売データ」テーブルを使って、「f_単価」フィールドに正の整数をチェックするデータマクロを設定してみましょう。

「T_販売データ」をデザインビューで開いて、「データマクロの作成」から「変更前」を選択します（図44）。これはレコードを保存する前に起動するイベント駆動型マクロになります。

図44 「変更前」データマクロの作成

データマクロのマクロツールが開きました。UIマクロと使い方はほぼ同じですが、アクションカタログの項目が多少異なります。

「プログラムフロー」から「If」をドラッグして、条件式には図45のように入力してみましょう。解説は **7-5-3**（191ページ）で行います。

図45 If構文を挿入

Ifブロックができたら、その中に「データアクション」内の「エラーの生成」アクションをドラッグし、図46のように設定します。この「エラー番号」引数は独自のエラーを特定するためのもので、システムであらかじめ用意されている番号と被らないものがよいでしょう。

図46 「エラーの生成」アクションを設定

これで上書き保存してマクロツールを閉じます（図47）。7-5-3（191ページ）で動作検証しながら今設定したマクロの意味を確認していきましょう。

図47 保存してマクロツールを閉じる

なお、作成したデータマクロは、デザインビューの「マクロの名前変更/削除」で管理できます（図48）。

図48 データマクロの管理

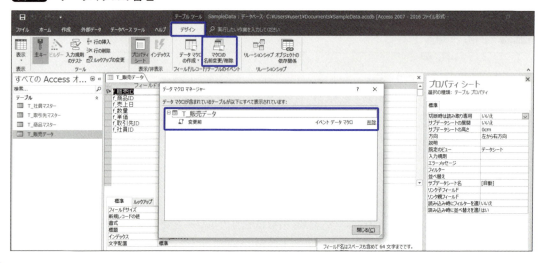

7-5-3 作ったマクロを理解しよう

「T_販売データ」テーブルをデータシートビューで開きます。試しに任意のレコードの「f_単価」フィールドの値をマイナスにしてからレコードを移動したり「保存」ボタンをクリックしたりしてみると、図49のようなメッセージが表示され、保存が中止されました。

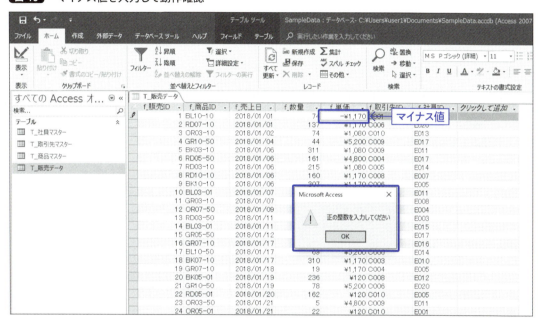

図49 マイナス値を入力して動作確認

これはさきほど設定したマクロの「If」条件式の前半部分、「[f_単価<0]」に一致したため、Ifブロック内の「エラーの生成」アクションが実行された結果です（図50）。

図50 マイナス値の場合のマクロの動き

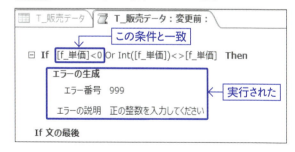

小数点以下の数値を含む数にしてみると、今度は「If」条件式の後半部分の「Int([f_単価])<>[f_単価]」に一致し、同じく「エラーの生成」アクションが実行されます（図51）。複数の式の「いずれかに一致」という条件にしたい場合は、式をOr（または）でつなげて書きます。

図51 小数点以下を含む数値の場合

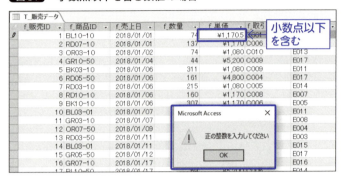
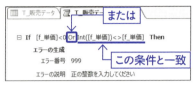

この部分の式は、Int関数を利用して「f_単価」を整数に切り捨てたものと、そのままの「f_単価」の値を比べて、「<>（一致しない、≠と同義）」であれば、整数ではないという判定をしています（図52）。

図52 整数か否かを判定する式

このようにテーブルにデータマクロを設定しておくと、フォームからこのテーブルの値を操作するときも、このデータマクロが起動して値をチェックしてくれます。

アクションカタログ
リファレンス

A-1 UIマクロ

フォーム、レポートなどのユーザーインターフェイス（UI）オブジェクトに添付されるマクロを、アクションカタログに表示される概要文とともに表にまとめました。

ここではUIマクロのアクションカタログ（図1）に表示される各項目を紹介します。

なお、UIマクロでは、「すべてのアクションを表示」をアクティブにしないと表示されない項目があるので、「通常」「すべて」という見出しで表してあります。

図1 UIマクロのアクションカタログ

A-1-1　ウィンドウの管理

表1　ウィンドウの管理

アクション名	通常	すべて	概要
ウィンドウの移動とサイズ変更	○	○	作業中のウィンドウを移動したり、サイズを変更したりします。引数が省略された場合、現在の設定が使用されます。長さの単位には、Windowsの[コントロールパネル]で設定されている単位(センチまたはインチ)が適用されます
ウィンドウの最小化	○	○	作業中のウィンドウを最小化します。最小化されたウィンドウはAccessウィンドウの下端に表示されます
ウィンドウの最大化	○	○	作業中のウィンドウを最大化します
ウィンドウを元のサイズに戻す	○	○	最大化または最小化されているウィンドウを元のサイズに戻します。このアクションは、アクティブウィンドウのみ適用されます
ウィンドウを閉じる	○	○	指定されたウィンドウを閉じます。指定が省略された場合、アクティブウィンドウを閉じます

A-1-2　システムコマンド

表2　システムコマンド

アクション名	通常	すべて	概要
Accessの終了	○	○	Accessを終了します。保存のオプションを選択できます
SharePointのごみ箱を開く	-	○	SharePointサイトのごみ箱を表示します
SharePointリストを開く	-	○	SharePointリストを参照します
アプリケーションの実行	-	○	ExcelやWordなどのほかのWindows対応アプリケーション、またはMS-DOS対応アプリケーションを起動します。起動したアプリケーションはフォアグラウンドで実行され、マクロは継続して実行されます
キー送信	-	○	Accessまたは、ほかのアクティブアプリケーションにキー操作を送信します。アプリケーションでのキー入力と同じ効果があります
データベースを閉じる	○	○	カレントデータベースを閉じます
メッセージの設定	-	○	すべてのシステムメッセージの表示を制御します。マクロの実行が、作業ウィンドウを固定する警告メッセージによって中断されないようにします。ただし、エラーメッセージおよびユーザーの入力を要求するダイアログは、この設定に関係なく表示されます。メッセージボックスでEnterキーを押すこと([OK]や[はい]などをクリックすること)と同じ効果があります

アクション名	通常	すべて	概要
印刷	-	○	アクティブデータベースオブジェクト(データシート、フォーム、レポート、モジュール)を印刷します
警告音	○	○	コンピューターの警告音を鳴らします。このアクションは、エラーや、画面表示上の大きな変更が発生したことを通知するときに使います
砂時計ポインターの表示	○	○	マクロの実行中、ポインターの形を砂時計の形(または選択した形)に変えます。マクロが終了すると、通常のポインターに戻ります

A-1-3 データのインポート/エクスポート

表3 データのインポート/エクスポート

アクション名	通常	すべて	概要
Outlookの連絡先として保存	○	○	カレントレコードをOutlookの連絡先として保存します
Outlookの連絡先を追加	○	○	Outlookの連絡先を追加します
SharePointリストのインポート	-	○	SharePointサイトのデータをインポートまたはリンクします
Wordに差し込み	○	○	差し込み操作を実行します
スプレッドシートのインポート/エクスポート	-	○	現在のAccessデータベースにスプレッドシートのデータをインポートまたはリンクするか、現在のAccessデータベースのデータをスプレッドシートにエクスポートします
データのインポート/エクスポート	-	○	ほかのデータベースからカレントデータベースにデータをインポートするか、またはほかのデータベースのテーブルをカレントデータベースにリンクします。または、カレントデータベースからほかのデータベースにデータをエクスポートします
データベースオブジェクトの電子メール送信	○	○	指定したデータベースオブジェクトをメールメッセージに添付して送信します。MAPI標準インターフェイルに準拠するメールアプリケーションでオブジェクトを送信できます
テキストのインポート/エクスポート	-	○	テキストファイルのデータを現在のAccessデータベースにインポートしたり、現在のAccessデータベースのデータをテキストファイルにインポートしたりします。また、テキストファイルのデータを現在のAccessデータベースにリンクしたり、Wordの差し込みデータファイルにデータをエクスポートしたりします
書式設定を保持したままエクスポート	○	○	指定したデータベースオブジェクトのデータをExcel形式、リッチテキスト形式、MS-DOSテキスト形式、HTML形式、スナップショット形式で保存します
保存済みのインポート/エクスポート	-	○	選択したインポートまたはエクスポート操作を実行します

A-1-4 データベースオブジェクト

表4 データベースオブジェクト

アクション名	通常	すべて	概要
オブジェクトのコピー	-	○	指定されたデータベースオブジェクトを別のAccessデータベースにコピーするか、またはカレントデータベースに新しい名前を付けてコピーします。同じようなオブジェクトを作成したり、別のデータベースにオブジェクトをコピーしたりするときに使います
オブジェクトの印刷	○	○	現在のオブジェクトを印刷します
オブジェクトの再描画	○	○	保留になっていた画面の更新や再計算を実行します。オブジェクトが指定されている場合、オブジェクトにあるコントロールの再計算を実行します。オブジェクトが指定されていない場合は、アクティブオブジェクトにあるコントロールの再計算を実行します
オブジェクトの削除	-	○	指定したオブジェクトを削除します。指定が省略された場合、ナビゲーションウィンドウで現在選択されているオブジェクトが削除されます。削除の確認メッセージは表示されません
オブジェクトの選択	○	○	指定したデータベースオブジェクトを選択します。これにより、選択したオブジェクトにアクションを適用できるようになります。オブジェクトをAccessのウィンドウで開いていない場合、ナビゲーションウィンドウで選択してください
オブジェクトの保存	-	○	指定したオブジェクトを保存します。オブジェクトが指定されていないときは、アクティブオブジェクトが保存されます
オブジェクト名の変更	-	○	指定したオブジェクトの名前を変更します。指定が省略された場合、ナビゲーションウィンドウで選択されているオブジェクトの名前が変更されます。このアクションは、オブジェクトのコピーを作成してそのコピーに新しい名前を付ける"CopyObject/オブジェクトのコピー"アクションとは異なります
コントロールの移動	○	○	アクティブなデータシートまたはフォームにある、指定されたフィールドまたはコントロールにフォーカスを移動します
テーブルを開く	○	○	テーブルを開きます。デザインビュー、データシートビュー、印刷プレビューのいずれかのビューを選択できます
フォームを開く	○	○	フォームを開きます。フォームビュー、デザインビュー、印刷プレビュー、データシートビューのいずれかのビューを選択できます
プロパティの設定	○	○	コントロールのプロパティを設定します
ページの移動	○	○	アクティブフォームの指定されたページにある、最初のコントロールにフォーカスを移動します。特定のフィールドやほかのコントロールにフォーカスを移動する場合は、"GoToControl/コントロールの移動"アクションを使います
レコードの移動	○	○	指定されたレコードを、テーブル、フォーム、クエリの結果セットのカレントレコードにします
レポートを開く	○	○	デザインビューまたは印刷プレビューでレポートを開きます。または、ただちにレポートを印刷します

APPENDIX A アクションカタログ リファレンス

アクション名	通常	すべて	概要
印刷プレビュー	○	○	現在のオブジェクトの印刷プレビューを表示します
値の代入	-	○	フォーム、フォームのデータシート、またはレポートにある、コントロール、フィールド、またはプロパティに値を設定します

A-1-5 データ入力操作

表5 データ入力操作

アクション名	通常	すべて	概要
リスト項目の編集	○	○	ルックアップリストの項目を編集します
レコードの削除	○	○	カレントレコードを削除します
レコードの保存	○	○	カレントレコードを保存します

A-1-6 フィルター/クエリ/検索

表6 フィルター/クエリ/検索

アクション名	通常	すべて	概要
SQLの実行	-	○	アクションクエリに対応する指定されたSQLステートメントを実行します。また、データ定義クエリに対応する指定されたSQLステートメントを実行します。ステートメントを使ってカレントデータベースのデータやデータ定義を修正することができます。また、IN句を使うと、ほかのデータベースのデータやデータ定義を修正することもできます
オブジェクトからレコードの検索	○	○	条件に基づいて、オブジェクトからレコードを検索します
クエリを開く	○	○	選択クエリまたはクロス集計クエリを開きます。または、アクションクエリを実行します。データシートビュー、デザインビュー、印刷プレビューのいずれかのビューを選択できます
フィルター/並び替えの解除	○	○	現在のフィルターを削除します
フィルターの実行	○	○	フィルター、クエリ、またはSQLのWHERE句を、テーブル、フォーム、またはレポートに対して実行します。テーブルのレコード、またはフォームやレポートの元になっているテーブルやクエリのレコードを抽出するか、または並び替えることができます
フィルターの設定	○	○	フィルター、クエリ、またはSQLのWHERE句を、テーブル、フォーム、またはレポートに対して設定します。
レコードの検索	○	○	指定された条件に一致するレコードを検索します。検索対象は、アクティブなフォームまたはデータシートです

アクション名	通常	すべて	概要
レコードの更新	○	○	カレントレコードを更新します
再クエリ	○	○	コントロールが指定されている場合は、アクティブオブジェクトにあるコントロールの再クエリを強制実行します。コントロールが指定されていない場合、アクティブオブジェクトの再クエリを強制実行します。指定されたコントロールがテーブルまたはクエリを元にしていない場合は、コントロールの再計算を強制実行します
最新の情報に更新	○	○	ビュー内のレコードを更新します
次のレコードを検索	○	○	"FindRecord/レコードの検索"アクションや[検索]ダイアログボックスで最後に指定された条件に一致する、次のレコードを検索します。このアクションは、同じ条件に一致するレコードを連続して検索するときに使います
全レコードの表示	○	○	アクティブなテーブル、クエリ、またはフォームに適用されているフィルターを解除します。テーブルやダイナセットのすべてのレコード、またはフォームの元になっているテーブルやクエリのすべてのレコードが表示されるようになります
並び替えの設定	○	○	並び替えを適用します。並び替えの対象は、テーブルのレコード、フォームのレコード、レポートの元になっているテーブルやクエリのレコードです

A-1-7 マクロコマンド

表7 マクロコマンド

アクション名	通常	すべて	概要
Visual Basicモジュールを開く	-	○	指定したVisual Basicモジュールをデザインビューで開き、指定したプロシージャを表示します。プロシージャは、Subプロシージャ、Functionプロシージャ、イベントプロシージャのいずれでもかまいません
イベントの取り消し	○	○	このアクションを含むマクロを呼び出すAccessのイベントを取り消します
エコー	-	○	マクロの実行中に結果を表示するかどうかを設定します。エラーメッセージなどの、作業ウィンドウを固定するダイアログは非表示にできません
エラー時	○	○	エラー処理の動作を定義します
シングルステップ	○	○	マクロの実行を一時停止し、[マクロのシングルステップ]ダイアログボックスを開きます
すべての一時変数の削除	○	○	すべての一時変数を削除します
データマクロの実行	○	○	データマクロを実行します

APPENDIX A アクションカタログ リファレンス

アクション名	通常	すべて	概要
プロシージャの実行	○	○	Visual BasicのFunctionプロシージャを実行します。Subプロシージャまたはイベントプロシージャを実行するには、Subプロシージャまたはイベントプロシージャを呼び出すFunctionプロシージャを作成してください
マクロエラーのクリア	○	○	MacroErrorオブジェクトの最後のエラーをクリアします
マクロの実行	○	○	マクロを実行します。ほかのマクロからマクロを実行するとき、マクロの実行を繰り返すとき、ある条件に基づいてマクロを実行するとき、またはカスタムメニューコマンドにマクロを割り当てるときなどに使用できます
マクロの中止	○	○	実行中のマクロを中止します。また、エコーやシステムメッセージが非表示になっている場合、表示をオンに戻します。ある条件に一致したときにマクロを中止する場合に使います
メニューコマンドの実行	○	○	Accessのメニューコマンドを実行します。コマンドは、マクロがコマンドを実行するときのカレントビューで使用できる必要があります
ローカル変数の設定	○	○	ローカル変数を特定の値に設定します
一時変数の削除	○	○	一時変数を削除します
一時変数の設定	○	○	一時変数を特定の値に設定します
全マクロの中止	○	○	実行中のすべてのマクロを中止します。また、エコーやシステムメッセージが非表示になっている場合、表示をオンに戻します。すべてのマクロを中止する必要があるエラーが発生したときなどに使います

A-1-8 ユーザーインターフェイスコマンド

表8 ユーザーインターフェイスコマンド

アクション名	通常	すべて	概要
ツールバーの表示	-	○	組み込みツールバーまたはカスタムツールバーの表示/非表示を切り替えます
ナビゲーションウィンドウのロック	○	○	ナビゲーションウィンドウのロックまたはロック解除に使用します
メッセージボックス	○	○	警告や情報などのメッセージをメッセージボックスに表示します。たとえば、入力規則に違反する場合に表示するメッセージなどによく使われます
メニューの設定	○	○	アクティブウィンドウのグローバルメニューまたはカスタムメニューのメニュー項目の状態(有効/無効、オン/オフなど)を設定します。メニューバーマクロを使って作成したカスタムメニューでのみ使用できます

A-1 UIマクロ

アクション名	通常	すべて	概要
メニューの追加	○	○	フォームまたはレポートのカスタムメニューバーにメニューを追加します。メニューバーの各メニューにはそれぞれ、"AddMenu/メニューの追加"アクションが必要です。また、フォーム、フォームコントロール、またはレポートにカスタムショートカットメニューを追加し、すべてのAccessウィンドウにグローバルメニューバーおよびグローバルショートカットメニューを追加します
レコードを元に戻す	○	○	直前のユーザー操作を元に戻します
移動先	○	○	指定したナビゲーションウィンドウグループおよびカテゴリに移動します
繰り返し	○	○	直前のユーザー操作をやり直します
参照先	○	○	読み込んだサブフォームオブジェクトをサブフォームコントロールに変更します
表示されるカテゴリの設定	○	○	ナビゲーションウィンドウに表示するカテゴリを指定するのに使用します

APPENDIX

A-2 データマクロ

テーブルに関連するデータマクロを、アクションカタログに表示される概要文とともに表にまとめました。

ここではデータマクロのアクションカタログに表示される各項目を紹介します。

なお、データマクロには、起動するきっかけとなるイベントの種類が多数あり、その種類によって表示される項目に違いがあります。

図2 データマクロのアクションカタログ

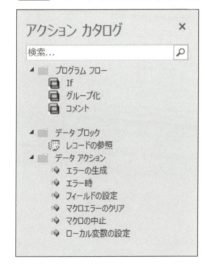

A-2-1 データブロック

A-2では、表示の有無を一覧にするため、表9のような略称を用いています。

表9 「データマクロ」一覧で用いる略称

データマクロの種類	略称
挿入後処理	挿後
更新後処理	更後
削除後処理	削後
削除前	削前
変更前	変前
名前付きマクロ	名付

表10 データブロック

ブロック名	挿後	更後	削後	削前	変前	名付	概要
レコードごと	◯	◯	◯	-	-	◯	このブロック内のアクションは、クエリの引数によって返された各レコードに対して実行されます
レコードの作成	◯	◯	◯	-	-	◯	このブロックのアクションは、レコードの作成に使用されます
レコードの参照	◯	◯	◯	◯	◯	◯	このブロックのアクションは、クエリの引数によって参照されるレコードを使って実行されます
レコードの編集	◯	◯	◯	-	-	◯	このブロックのアクションは、レコードの編集に使用されます

A-2-2 データアクション

表11 データアクション

アクション名	挿後	更後	削後	削前	変前	名付	概要
イベントのログ記録	◯	◯	◯	-	-	◯	USysApplicationLogテーブルにレコードを記録します。USysApplicationLogテーブルは、データマクロおよびアプリケーションエラーを格納するシステムテーブルです。このテーブルを表示するには、ナビゲーションウィンドウの上部を右クリックし、[ナビゲーションオプション]を選択して、[システムオブジェクトの表示]オプションを選択します

APPENDIX A　アクションカタログ リファレンス

アクション名	挿後	更後	削後	削前	変前	名付	概要
エラーの生成	○	○	○	○	○	○	エラーが発生したことをアプリケーションに通知します。失敗の検証に使用できます
エラー時	○	○	○	○	○	○	エラー発生時にアクションを実行するように設定します
データマクロの実行	○	○	○	-	-	○	このデータベースで名前付きマクロを実行します
フィールドの設定	○	○	○	-	○	○	式の結果をフィールドの値に設定します
マクロエラーのクリア	○	○	○	○	○	○	MacroErrorオブジェクトをクリアします
マクロの中止	○	○	○	○	○	○	このマクロをただちに終了します
レコードごとに終了	○	○	○	-	-	○	最深部の"ForEachRecord/レコードごと"アクションを終了します
レコードの削除	○	○	○	-	-	○	式で表されたレコードを削除します
レコードの変更の取り消し	○	○	○	-	-	○	カレントレコードを保存せずに、レコードの編集またはレコードの作成データブロックを終了します
ローカル変数の設定	○	○	○	○	○	○	ローカル変数を作成または変更します
全マクロの中止	○	○	○	-	-	○	実行中のすべてのマクロをただちに終了します
電子メールの送信	○	○	○	-	-	○	電子メールを送信します
戻り変数の設定	-	-	-	-	-	○	呼び出し元に返される変数を設定します

索 引

記号

"	156
<>	158
>	129

アルファベット

Access	12
Accessのオプション	67
Accessの終了	195
AutoExec	66
Date()	96
DateAdd()	96
DateSerial()	96
DCount()	124
Else If	110
Elseの追加	79
Elseブロック	80
If	77
Ifブロック	78
MsgBox()	157
Null	102
Outlookの連絡先として保存	196
Outlookの連絡先を追加	196
SharePointのごみ箱を開く	195
SharePointリストのインポート	196
SharePointリストを開く	195
SQLの実行	198
VBA	15
Visual Basic for Application	15
Visual Basicモジュールを開く	199
Wordに差し込み	196

ア行

アクション	29, 32
アクションカタログ	26
アクションカタログの表示	27
アクションの折りたたみ	85
アクションの順番	33
アクションの展開	85
値の挿入	198
新しいアクションの追加	77
アプリケーション	13
アプリケーションの実行	195
一時変数	175
一時変数の削除	200
一時変数の設定	200
一対多	48
移動先	201
イベント	60
イベントの取り消し	199
イベントのビルド	77
イベントのログの記録	203
イベントマクロ	60
イメージ	41
印刷	196
印刷プレビュー	198
インポート	143
ウィンドウの移動とサイズの変更	195
ウィンドウの最小化	195
ウィンドウの最大化	195
ウィンドウモード	62
ウィンドウを閉じる	195
ウィンドウを元のサイズに戻す	195
埋め込みマクロ	60
上書き保存	25
エクスポート	136
エコー	199
エラー	159
エラー時	147, 204
エラー処理	159
エラーの生成	204
オブジェクト	12
オブジェクトからレコードの検索	198
オブジェクトの印刷	197
オブジェクトのコピー	197
オブジェクトの再描画	197
オブジェクトの削除	197

オブジェクトの選択	197	書式	95
オブジェクト名の変更	197	書式設定を保持したままエクスポート	196
オプショングループ	73	シングルステップ	199
オプションボタン	74	砂時計ポインターの表示	196
		スプレッドシートのインポート/エクスポート	149, 196

カ行

返り値	158	スペースの調整	95
空のデータベース	22	すべて折りたたみ	85
キー送信	195	すべての一時変数の削除	199
クイックアクセスツールバー	26	セクション	41
クエリ	12	全マクロの中止	200, 204
クエリを開く	198	全レコードの表示	199
繰り返し	201	操作画面	13
繰り返し処理	172		

タ行

クリック時	77	ダイアログ	62
グループ	131	タイトル	55
グループの編集	132	ツールバーの表示	200
警告音	196	次のレコードを検索	199
このデータベースのオブジェクト	30	データシートビュー	17
コマンドボタンウィザード	58	データのインポート/エクスポート	196
コメント	86	データの管理	13
コントロール	41	データベースオブジェクトの電子メール送信	196
コントロールウィザードの使用	56	データベースを閉じる	195
コントロールソース	90	データマクロ	188
コントロールの移動	197	データマクロの実行	199, 204
コンボボックス	41, 90	テーブル	12
		テーブルを開く	197

サ行

		テキストのインポート/エクスポート	196
		テキストボックス	41, 89
		デザインビュー	17
		電子メールの送信	204
		閉じる	23
		トランザクションテーブル	106
再クエリ	183, 199		
最新の情報に更新	199		
サブマクロ	149, 162		
参照先	201		
式ビルダー	78		
指示文	14		
システムコマンド	195		

ナ行

実行	34	ナビゲーションウィンドウ	26
実行回数	174	ナビゲーションウィンドウのロック	200
自動化	13	名前	44
自動中央寄せ	69	名前付きマクロ	60
集合形式	94	並び替えの設定	199
集合知ソース	181		
条件	77		
条件式	129		

ハ行

パス	153
引数	32
日付	95
ビュー	40
表示されるカテゴリの設定	201
標題	44
非連結フォーム	53
フィールドの設定	204
フィルター/並び替えの解除	198
フィルターの実行	198
フィルターの設定	198
フォーム	12, 38
フォームの表示	67
フォームビュー	42
フォームを開く	65, 197
プログラミング	14
プログラムフロー	28
プロシージャの実行	200
プロパティシート	43
プロパティの設定	197
ページの移動	197
変数	155
保存済みのインポート/エクスポート	196
ボタン	57

マ行

マクロ	15, 24
マクロウィンドウ	26
マクロエラーのクリア	200, 204
マクロオブジェクト	25
マクロツール	24
マクロのコピー	187
マクロの実行	34, 200
マクロの中止	126, 200, 204
マクロの保存	25
マクロビルダー	64
マクロを折りたたむ	84
マスターテーブル	106
メッセージの設定	195
メッセージボックス	36, 200
メニュー	54
メニューコマンドの実行	200
メニューの設定	200
メニューの追加	201
戻り値	158
戻り変数の設定	204

ヤ・ラ行

ユーザーインターフェイスコマンド	31
ラベル	41
リスト項目の編集	198
リスト幅	93
リボン	26
リレーションシップ	48
ルックアップ	16
レイアウトビュー	42
レコードごと	203
レコードごとに終了	204
レコードセレクタ	51
レコードの移動	50, 197
レコードの確定	51
レコードの検索	198
レコードの更新	199
レコードの削除	52, 204
レコードの作成	203
レコードの参照	203
レコードの変更の取り消し	204
レコードの編集	203
レコードの保存	198
レコードを元に戻す	201
列幅	93
レポート	12
レポートを開く	197
連結フォーム	53
ローカル変数の設定	155, 204

[著者略歴]

今村 ゆうこ（いまむら ゆうこ）

非IT系企業の情報システム部門に所属し、Web担当と業務アプリケーション開発を手掛ける。小学生と保育園児の2人の子供を抱えるワーキングマザー

著作
「Excel & Access連携 実践ガイド　～仕事の現場で即使える」（技術評論社）
「Accessデータベース 本格作成入門 ～仕事の現場で即使える」（技術評論社）
「スピードマスター　1時間でわかる　Accessデータベース超入門」（技術評論社）
「Access レポート＆フォーム 完全操作ガイド ～仕事の現場で即使える」（技術評論社）

- 装丁
  クオルデザイン　坂本真一郎
- カバーイラスト
  今村 ゆうこ
- 本文デザイン
  技術評論社 制作業務部
- DTP
  SeaGrape
- 編集
  土井清志
- サポートホームページ
  https://gihyo.jp/book/2018/978-4-297-10152-7

■お問い合わせについて

本書の内容に関するご質問は、下記の宛先までFAXまたは書面にてお送りください。電話によるご質問、および本書に記載されている内容以外の事柄に関するご質問にはお答えできかねます。あらかじめご了承ください。

〒162-0846
東京都新宿区市谷左内町21-13
株式会社技術評論社　書籍編集部
「Access マクロ入門 ～仕事の現場で即使える」質問係
FAX番号　03-3513-6167

なお、ご質問の際に記載いただいた個人情報は、ご質問の返答以外の目的には使用いたしません。また、ご質問の返答後は速やかに破棄させていただきます。

Access マクロ入門 ～仕事の現場で即使える

2018年11月15日　初版　第1刷発行

著者	今村ゆうこ
発行者	片岡　巌
発行所	株式会社技術評論社 東京都新宿区市谷左内町21-13 電話　03-3513-6150　販売促進部 　　　03-3513-6160　書籍編集部
印刷／製本	日経印刷株式会社

定価はカバーに表示してあります。

造本には細心の注意を払っておりますが、万一、乱丁（ページの乱れ）や落丁（ページの抜け）がございましたら、小社販売促進部までお送りください。送料小社負担にてお取り替えいたします。

本書の一部または全部を著作権法の定める範囲を超え、無断で複写、複製、転載、テープ化、ファイルに落とすことを禁じます。

©2018　今村ゆうこ

ISBN978-4-297-10152-7　C3055
Printed in Japan